江河湖泊探秘

刘清廷◎主编

时代出版传媒股份有限公司

安徽美术出版社

全国百佳图书出版单位

图书在版编目（CIP）数据

江河湖泊探秘/刘清廷主编.—合肥：安徽美术出版社，
2013.3（2021.11 重印）（奇趣科学.玩转地理）
ISBN 978 - 7 - 5398 - 4246 - 2

Ⅰ.①江… Ⅱ.①刘… Ⅲ.①河流 - 世界 - 青年读物
②河流 - 世界 - 少年读物③湖泊 - 世界 - 青年读物④湖泊 -
世界 - 少年读物 Ⅳ.①P941.7 - 49

中国版本图书馆 CIP 数据核字（2013）第 044160 号

奇趣科学·玩转地理
江河湖泊探秘

刘清廷 主编

出 版 人：王训海
责任编辑：张婷婷
责任校对：倪雯莹
封面设计：三棵树设计工作组
版式设计：李 超
责任印制：缪振光
出版发行：时代出版传媒股份有限公司
　　　　　安徽美术出版社（http://www.ahmscbs.com）
地　　址：合肥市政务文化新区翡翠路 1118 号出版传媒广场 14 层
邮　　编：230071
销售热线：0551-63533604 0551-63533690
印　　制：河北省三河市人民印务有限公司
开　　本：787mm×1092mm 　1/16 　印 张：14
版　　次：2013 年 4 月第 1 版 　2021 年 11 月第 3 次印刷
书　　号：ISBN 978 - 7 - 5398 - 4246 - 2
定　　价：42.00 元

　　地球自诞生之日起就隐藏着很多的奥秘，沧海桑田，在不断变化中演绎着不朽的神奇。然而，人类一直都没有停止探索地球的脚步，永不满足的求知欲让世界变得美好而有趣。水是地球的灵魂，生命的源泉，尽管它普遍存在，但确实神奇而伟大。

　　浩瀚无边的海洋、宁静深邃的湖泊、奔腾万里的江河、储蓄蕴藉的泉水、清新透亮的雨滴、瞬息万变的潮汐、晶莹剔透的雪花……组成了变幻莫测形形色色的水世界。然而，水的世界有着数不清的奥秘：水是从哪里来的？美丽神奇的"海市蜃楼"是怎么形成的？沙漠的地下水又是从哪里来的？水流是怎样推动泥石前进的？为什么说水是未来的"石油"？楼兰古城的消失与"水"有关吗？"水城"威尼斯为什么会下沉？水是生命的唯一源泉吗？……

　　本书从水的奥秘、水文化奇葩、遨游水世界、透视水资源危机和拯救水资源等视角揭开了水资源神秘的面纱，充分地展示了水资源的奉献、无私和伟大。

C ONTENTS

目录 江河湖泊探秘

水 的 影 响

　　水是生命之源。它与人类的生活息息相关。地球上淡水资源很少，地球上的水只有2.5%适宜饮用，而且水资源分布得极不均衡。所以保护水源，善待江、河、湖、海等就是保护人类的生命。我们越是去了解水的各种性质与人体之间的关系，就越会觉得不可思议。人身体内的水约占体重的60%。它将氧和各种营养成分输送到人的全身，并将废弃物排出体外，还起到保持体内环境平衡等重要的作用。水是地球的灵魂、生命的源泉，尽管它普遍存在，但确实神奇而伟大，让我们去感知它的神奇吧！

生命之源——水

在地球生命演化的舞台上，扮演主角的是水。现代科学证明，水存在于生命产生之前；地球上的所有生命均诞生于水中。其演化过程：蒸发到大气中的水汽，在一定条件下与大气中的物质发生化合，然后通过一系列复杂的变化，形成氨基酸、核苷酸、核糖酸等与生命休戚相关的物质，这些化合物进入水体后，受到水层的保护，避免了强烈的太阳辐射。继之而来的便是碳水化合物逐渐复杂化的过程，生命由低级逐渐向高级演化。先是在水中生成了植物，后又出现了动物，继而植物登上陆地，为动物登陆创造了条件。

知识小链接

太阳辐射

太阳辐射是指太阳向宇宙空间发射的电磁波和粒子流。地球所接受到的太阳辐射能量仅为太阳向宇宙空间放射的总辐射能量的二十亿分之一，但却是地球大气运动的主要能量源泉。

在距今30亿年前的前古生代，即地球的少年时期，古老的海洋形成了，地球上的水循环也开始了。在这循环中，生命开始在水中孕育、生存、发展。

在距今5.7亿~2.3亿年的古生代，荒芜单调的陆地开始出现一种与海洋的蓝色相映生辉的色彩——绿色。这意味着，海洋植物开始登陆，接着，几种昆虫的祖先们也爬上岸来。于是，陆地开始热闹起来——海洋生物汇聚，陆上一片葱绿。

中生代时期，爬行动物取代无脊动物，恐龙成为地球上威风八面的统治者。到了新生代，出现哺乳动物。哺乳动物进一步进化，其中灵长类的一支进化为古猿。再以后，才出现了人类——这充满智慧和情感的高级动物。可以说，地球从诞生初期的一个荒凉毫无生机的星球，到万物生长、生机勃勃的世界，水是地球奇迹的真正创造者。

趣味点击　　叶　脉

叶脉就是生长在叶片上的维管束。它们是茎中维管束的分支。这些维管束经过叶柄分布到叶片的各个部分。位于叶片中央大而明显的脉，称为中脉或主脉。由中脉两侧第一次分出的许多较细的脉，称为侧脉。自侧脉发出的、比侧脉更细小的脉，称为小脉或细脉。细脉全体交错分布，将叶片分为无数小块。每一小块都有细脉脉梢伸入，形成叶片内的运输通道。

水造就生命以后，还承担着保护生命的重要职责。不仅生命的孕育过程要有水的保护，而且整个生命过程也离不开水的保护。地球依靠水圈，凭借水特有的极大热容量和汽化热，维持适宜生物生存的相对恒定温度，并对生物内的体温起着调节作用。与此同时，水作为自然界中最佳的溶解剂并凭借其特有的稳定性，成为生物体内进行新陈代谢的最优良介质。生物依靠水为媒介通过新陈代谢不断与外界进行物质和能量的交换，保持其旺盛的生命力。水的历程造就了生命的历程，却又隐身于生命之内（有相当于全球河流一半的水，流淌在人类和动物的血管里，蕴藏在植物的根茎、叶脉中）。人类是地球生命的最高形式。在漫长的进化中，在水的滋养中，作为自然骄子的人类逐渐成为地球的主角，而人类本身的进化也演绎了地球最动人的篇章——创造了劳动工具、文字和城郭等，学会了继承与发展，把荒凉的地球变成充满壮丽文化之光的诗意星球。

💧 水分子的秘密

水虽然是极为普通的东西，却是一种特殊的物质。它到处分布，以大洋、冰原、湖泊和河流等形式覆盖着几乎四分之三的地球表面，这些水体拥有13.5亿立方千米的容积。在地面之下还以地下水的形式储有830万立方千米的水，在地球的空气层里另有12 900立方千米的水，主要是水蒸气。

地球在诞生的时候就有大量的水，多数科学家认为在地球的原始海洋中就有了生命，水不断地供养所有的生命——有些很简单的生物没有空气也能生存，但是没有哪种生物可以没有水而生长。在亿万年的时间里，水是形成和改变地球表面的最为强大的动力之一。冻成滑动的冰川，它能雕刻出山岭的景观，挖出巨大的凹地和湖盆，改变河道并把泥土和砾石搬运到遥远的地方。作为下降的雨水和流动的河流，它能夷平大山，造成宽阔的河谷和陡峻的峡谷，并冲蚀最坚硬的岩石。作为冲击的波涛和澎湃的海浪，它能持续地侵蚀海岸，改变岛屿和大陆的轮廓。水决定着天气，形成作物和森林赖以生根的土壤。作为蒸气或水力发电的动力，它还能发动现代化技术中的机器，从烤面包到创造晶体管收音机的半导体，几乎在所有的制造业中，水都是不可缺少的。

基本小知识

晶体管

晶体管是一种固体半导体器件，可以用于检波、整流、放大、开关、稳压、信号调制等。晶体管作为一种可变开关，基于输入的电压，控制流出的电流，因此晶体管可作为电流的开关和一般机械开关。不同之处在于晶体管是利用电讯号来控制，而且开关速度可以非常快，在实验室中的切换速度也是非常快的。

作为一种物质，水是无臭、无色和无味的。它能在世界事务中起着一种不寻常的作用，是因为它的特性看来并不枯燥乏味。作为一种化学物质，水是独特的。它是一种非常稳定的化合物，一种很好的溶剂，又是一种强大的化学能源。水与大多数的有机物质不相接近，却被大多数的，包括它自己在内的无机物所强烈吸引。事实上，它自身的分子联结得比某些金属的分子还牢固。它凝结成固体时，不像几乎所有其他物质那样收缩，而是膨胀，于是就出现较轻的固体浮在较重的液体之上这一异乎寻常的结果。水能吸收和释放比绝大多数一般物质更多的热量。在许多物理和化学性质方面——如凝固和沸腾时的温度——水是特殊和异乎常规的，而且这些异常的特性差不多都渗透到人类的生活中，正像天然的消化过程或人工的蒸汽机操作。

水的所有特殊性能可以从它的分子结构来追溯。两个氢原子和一个氧原子（H_2O）合起来的水，结成一种非常牢固的分子，要把水分裂开来需要巨大的能。事实上，很久以前，水一直被认为是一种不可分裂的元素，而不是一种化合物。

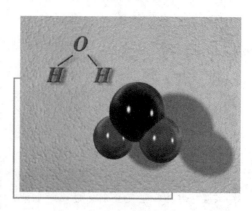

水分子的结构

在一个滴着水的龙头上最能看出一个水滴表面上建成的氢键的强大张力。首先出现在龙头口的水的平面薄膜好像是一片圆的、很薄的透明橡皮，像一张有弹性的膜一样。龙头口薄膜包的水的重量增大时，薄膜就会慢慢地鼓起来，但并不破裂，最后它好像把自己从水龙头上拉开，并在一个自由下落的水滴周围碎开。这个水滴如果不受空气压力而变形，会变成一个完整的球体。所有的形状之中，球体是一种单位体积内具有最小表面积的几何体。下落的水滴有这种形状才能成为最紧密的整体，因此，在下落的水滴这种常见的形状中，我们可以看到使水具有特殊性质的分子力——这些难能可贵的性质使水成为地球上最重要的一种物质。

水的稳定性的转换甚至更为有趣。同样的道理，氢和氧原子抵制把它们拉开的力，它们总是愿意合在一起，像擦根火柴那样微小的推动都可造成它们的结合。厨房窗上的水蒸气是在炉里的火焰中由煤气中的氢原子和空气中的氧原子联结而成的，甚至人体也能在消化食物的过程中合成水。

水在分裂时必须吸收非常大的能量，在合成时也要放出同样多的能量。大约0.5千克纯氢和4千克的纯氧，如果合成4.5千克的水，那么放出来的能量足以供60瓦的灯泡点亮325个小时。氢－氧的反作用确实是很好的一种能源。宇宙飞船"双子星5号"曾首先应用有氢－氧反作用的燃料电池，作为长效的动力发动机。

如果地球上最普遍的物质——水，突然开始像它的分子结构那样行动起来，生命就要遭受一场巨大的灾难。血液会在身体里沸腾，植物和树木会凋谢死亡，世界会变成一片干燥的荒原。但是水分子结合在一起不同于其他化合物，由于这一原因，它们具有独特的自相矛盾的性质。

你知道吗

燃料电池

燃料电池是一种将存在于燃料与氧化剂中的化学能直接转化为电能的发电装置。燃料和空气分别送进燃料电池，电就被奇妙地生产出来。它从外表上看有正负极和电解质等，像一个蓄电池，但实质上它不能"储电"，而是一个"发电厂"。

例如，水是液体比固体重的少数物质之一。液态的水能够在一个管子里不顾地心引力而向上爬升。水很仁慈，无数种生命能在水中生存；水又有腐蚀性，经过相当长的时间，它可以分解最结实的金属。虽然看起来水可以那么容易地改变它的形态——有时一条河或一片湖里同时存在它的固态、液态和气态——但水发生这些转变时一定会放出或吸收巨大的能量。实际上，融化一座小冰山时需要吸收的热量，可以驾驶一条大轮船横贯大西洋 100 次。

在八大行星之中，只有地球上有大量的液体状态的水。全世界的水总量是 13.6 亿立方千米。如果把这么多的水倾注于美国 50 个州的土地上，美国会淹没到 145 千米的深度。与数量同等重要的，是地球能保持水的三种基本形态——液态、固态和气态。水是天然地以这三种形态存在于地球上的唯一物质，而地球显然是太阳系中能以此种方式保持水的唯一行星。这种情况不仅决定了地球上生命的发展，而且可能限定太阳系中生命只能在地球上出现。

数千年来，人们已经认识到水的作用很大。它的供应量很丰富，性质很特别，对生命的作用很重要，总是使人感觉惊奇。人本身就是一个多孔的水囊；就重量来说，人体中有三分之二是水，只有三分之一是由其他化合物组成的。水供应着澎湃的大洋、沼泽的雾、滑动的冰川、火山爆发喷出的水蒸气、冬天的一个雪球或一小股飓风卷到空中的多至 45 亿吨以上的水汽。

令人眼花缭乱的变化说明了水的某些不稳定的特性，它从来不会静止。放在餐盘旁的玻璃杯就是微观的不稳定的水世界。玻璃杯中冰块化成水的时候，会有少量的水汽释放到空气中，在光滑的玻璃杯内壁上凝成小水滴。在宏观的地球表面，13.6亿立方千米的水这种活跃物质，经常对强大的自然力——地球的自转、太阳的辐射热、地球和太阳系中其他星球的重力——产生反应。此外，还有地面上的不规则形态——大陆上的高山、河谷与平原、大洋里的盆地——的作用以及地球物质的化学性与组织成分。每个因素都能导致动荡的和持久不息的变态——水在气体、固体和液体状态中的移动、变化和反复无常的性质。

但有一个极为重要的情形是水的总量固定不变，世界上的水的总供应量不会增多也不会减少，现在的水量相信与30亿年以前几乎完全一样。在无穷的重复循环中，水经过了利用、处理、净化和再使用。昨晚煮马铃薯的水可能是几千年以前阿基米德的洗澡水。虽然使用"已经用过"的水这种想法，可能不合于卫生文明，但认识到供应全世界人类需要的一种重要物质不会枯竭，还是相当令人欣慰的。

水的耐久性引出了它是否早就一直存在的问题。在年青的和没有生命的地球刚刚混沌初开的时候，所有的水到底是从哪里来的？现代科学家认为这个问题直接联系着一个更大的谜，即地球本身的起源。水的产生和水的性质，与我们地球的大小、地球在太阳系中的位置以及地球的构造有明显的关系。

▶️ 水的循环

大洋、冰川等合在一起构成地球总水量的99.35%，余下来不到1%中的三分之二，分摊给全球其他形式的水，世界上所有的大河和大湖、泉水、溪和塘、沼泽、雨、雪和大气中的蒸气、地上和地下的管道水、阴沟和水库中的水、山坡上的雪和冰、泥土中的湿气和供应井水与补给溪水及河水的地下水，都包括在这很小的部分之内。从世界上水的总量中除去大洋、冰川等，余下来很少的可用水中，地下水部分约占97%。

水的分布上存在明显的不均衡情况，这曾使古代人迷惑不解。在他们看来，雨和雪不能算作湖和河的水量，因为没有全落下来。住在尼罗河边干燥区域的人怎能想到尼罗河中每年泛滥的水量来自数千千米以外的山区降水呢？其他若干个世纪的人亦觉得无法想象固体的地面能成为雨水的吸收者和搬运者；无论如何，掘井取水时，只能在条件比较好的地方得到水。在十七世纪以前，多数人对泉水和深井水的解释只有两种：有人认为这些水来自一个巨大的地下蓄水池，也就是隐藏在地壳岩石下面的淡水洋；也有人认为水是来自海洋，经过地下渠道，稍被净化然后上升，作为泉水喷出或藏于地下，将来成为井水的供应水库。这两种解释中的前一种不太令人满意，它忽略了地下蓄水池也需要有水补充这一点。

一个完整的循环概念——水从海和陆地上蒸发，吹到大气中，作为雨和雪下降，渗透到土中，再度出现成为河流，回到海里——多少年来吸引了一些有心之人的注意，可惜当时无法证明，因而没有获得公认。

16～17世纪，随着现代科学的发展，一般人的注意力再次被吸引到自然界的循环模式上，诸如牛顿提出的每个作用必然有反作用的定律，哈维论证的反复循环的血液系统，哥白尼假设的行星循环轨道等。这些平衡和反复的规律已由精密的观察和仔细的测量而得到确定，因此，寻找世界水源中的类似平衡和用类似的技术寻找这种平衡，是很自然的情况。

17世纪中叶，法国的两位科学家分别求解河流之谜。首先是伯劳尔，稍后一些是马里奥特，他们测量了塞纳河分水谷的雨量，再测量塞纳河的排水率，即在一定时间内流进海洋的水量。他们的测量虽然不够精密，却证明了与古代信念相反的一种情形——只用雨量就能够计算河流的流量。此外，还有足够的水留作泉水和井水。马里奥特更前进了一步，指出雨水深深地渗入土地，向下透过多孔的土壤，一直到碰上了不透水的物质为止。

每年大约有 396 000 立方千

广角镜

塞纳河

塞纳河是法国北部的一条大河，全长约780千米，包括支流在内的流域总面积约78 700平方千米，是欧洲有历史意义的大河之一，其排水网络的运输量占法国内河航运量的大部分。自中世纪初期以来，它就一直是巴黎之河；巴黎是在该河一些主要渡口上建立起来的，河流与城市的相互依存关系是紧密而不可分离的。

米的水进入空气中，其中绝大部分——近 333 000 立方千米，是从海洋上升的。只有 62 000 立方千米来自陆地，或来自蒸发的湖泊、河流和潮湿的土壤，最主要的是来自植物叶子上散发出来的水分，整个过程称为蒸腾。

进入大气的水绝大部分——296 000 立方千米——直接返落海洋。另外 38 000 立方千米落在陆地上流入江河，但在几天之内，或最多在几个星期之内，又流回海洋。余下来 63 000 立方千米的水浸入土地，可以参加植物和动物的生活过程。在这些过程中，水的进入和排出数量也是相等的，动物和植物生活中呼出、排泄和散发出来的水，就是早先通过根或嘴吸入的。

虽然水文循环是平衡的，整个地球上，有多少水上升，就有多少水下降，但在个别地区这种相互关系却不能维持。蒸发的水量和下降的水量有很大的差别。

水的蒸发量应该是在赤道上最大，因为最大的太阳能量直接照射该地区，但浓厚的云在赤道上比大多数其他地区更为常见，减少了太阳从天空中到地面的辐射，而且在赤道的北方和南方，强劲的风扫起的湿气，比相当平静的赤道风扫起的湿气多。风对水的蒸发能产生至为重要的作用，因为热、干风吸收的湿气往往比温带地区的暖风多。地球上水的蒸发率最高的地区，是在北纬 15° 至 30° 的红海和波斯湾。太阳强烈的增热使红海每年蒸发的水不少于 3.5 米。

陆地上的蒸发率变化更大。暴露的水面较小，但有比海洋

拓展阅读

波斯湾

印度洋西北部边缘海，又名阿拉伯湾，通称海湾，位于阿拉伯半岛和伊朗高原之间。西北起阿拉伯河河口，东南至霍尔木兹海峡，长约 990 千米，宽 56～338 千米，面积约 24 万平方千米。伊朗一侧大部深于 80 米，阿拉伯半岛一侧一般浅于 35 米，湾口处最深达 110 米。沿岸国家有：伊朗、伊拉克、科威特、沙特阿拉伯、巴林、卡塔尔、阿拉伯联合酋长国和阿曼。海湾地区为世界最大石油产地和供应地，已探明石油储量占全世界总储量的一半以上，年产量占全世界总产量的三分之一。

更高的温度和更强烈的风。地球上若干沙漠中，有些地区的蒸发率为零，因为那里没有什么可蒸发的。雨林地区是另外一种情况，蒸发率接近于在同样风力或日光下的海洋。

地球的原始水源目前仍在使用之中：从最初云的形成和最初雨的降落以来，几亿年中没有什么增减。同样的水反复地从大洋升到空气中，降到陆地上又送回到海里。海洋水蒸发，分布到地球的各个部分，又回到海里的自然机械作用，称为水文循环。在任何时候，水循环中运动的水，大约只占地球总水量的 0.005%；绝大部分的水储存在大洋中，冻结在冰川里，保持在湖泊中或停留在地下。在美国，一滴水通过空气循环平均只花 12天，然后可能在冰川里保存 40 年、在湖泊中保存 100 年、或者在地下保存200 至 10 000 年，视它在地下的深度而定，但终究每颗水滴都要在水文循环中运动。水文循环在一天之中消耗的能量比人类在整个历史中产生的能量还要多，但是由太阳输入动力的水文循环结构具有的能力比它所能用掉的能力更多。

📹 水对人类的重要性

民以食为天，食以饮为先。饮食饮食，先"饮"后"食"。水是宏量营养素，没有哪种营养物质能像水一样广泛地参与人体功能。人体的每一个器官都含有极其丰富的水。

生命由细胞组成，细胞必须"浸泡于水中"才得以成活。年轻人细胞内水分占42%，老年人则占33%，故此产生皱纹，皮下组织渐渐地萎缩。人老的过程就是失去水分的过程。人可以几天不吃饭，但不可以一天不饮水。

人体一旦缺水，后果是很严重的。缺水 1%～2%，感到渴；缺水 5%，口干舌燥，皮肤起皱，意识不清，甚至幻视；缺水 15%，往往甚于饥饿。没有食物，人可以活较长时间（有人估计为两个月），如果连水也没有，最多能活一周左右。

水对人生命的作用，具体作用可总结如下：

（1）人的各种生理活动都需要水。如水可溶解各种营养物质，脂肪和蛋白质等要成为悬浮于水中的胶体状态才能被吸收；水在血管、细胞之间川流不息，把氧气和营养物质运送到组织细胞，再把代谢废物排出体外。总之，人的各种代谢和生理活动都离不开水。

（2）水在体温调节上有一定的作用。当人呼吸和出汗时都会排出一些水分。比如炎热季节，环境温度往往高于体温，人就靠出汗，使水分蒸发带走一部分热量，来降低体温，使人免于中暑。而在天冷时，由于水贮备热量的潜力很大，人体不致因外界温度低而使体温发生明显的波动。

（3）水还是体内的润滑剂。它能滋润皮肤。皮肤缺水，就会变得干燥失去弹性，显得苍老。有了水，体内一些关节囊液、浆膜液可使器官之间免于摩擦受损，且能转动灵活。眼泪、唾液都是相应器官的润滑剂。

（4）水是世界上最廉价最有治疗力量的奇药。矿泉水和电解质水的保健和防病作用是众所周知的。主要是因为水中含有对人体有益的成分。当感冒、发热时，多喝开水能帮助发汗、退热、冲淡血液里细菌所产生的毒素；同时，小便增多，有利于加速毒素的排出。

（5）大面积烧伤以及发生剧烈呕吐和腹泻等症状，体内大量流失水分时，都需要及时补水，以防止严重脱水，加重病情。

（6）睡前一杯水有助于美容，上床之前，你无论如何都要喝一杯水，这杯水的美容功效非常大。当你睡着后，那杯水就能渗透到每个细胞里。细胞吸收水分后，皮肤就更加娇柔细嫩。

（7）入浴前喝一杯水常葆肌肤青春活力。沐浴时的汗量为平时的两倍。沐浴后，体内的新陈代谢加速，喝了水，可使全身每一个细胞都能吸收到水分，创造出光润细柔的肌肤。

现代医学证明"人的老化是细胞干燥的过程"。由此可见，水对人的重要性。

◤ 水对人类生产生活的影响

许多事物是可以这样做或那样做的，办法总会有的。比如照明，没有电灯，我们可以点蜡烛；没有蜡烛，我们可以点油灯；没有油灯，我们可以点松明火把；连火把也没有，我们只好静静地等待黑夜的过去，白天的到来。而对于水就不同了。没有水，我们无法洗脸、刷牙，无法解渴，餐桌上没有了鱼虾，看不到花草树木，不知道什么叫游泳，船舰全部报废，混凝土制不成，高楼无法建，连小娃娃哭也没有了眼泪……

有水走遍天下。人类很早就发现水具有浮力，于是船应运而生，从羊皮充气的筏子，用手划桨的独木舟，借风使舵的漂亮的多桅帆船，到载客千人的豪华邮轮，以核能为动力的航空母舰。水把陆地无情地分隔开来，船却把世界紧密地联系起来。我国明代郑和率领巨大船队七次远航，最远曾到达非洲东海岸一带。水路运输比公路和铁路运输便宜，运输量大，平稳。何况有些地方根本修不了路只能靠水运。所以，在运输业中，水运的客运量和货运量都占有很大的比重。水运的发展，繁荣了经济，还使上海、天津、香港、纽约、鹿特丹等港口成了世界级的大城市。

不仅如此，世界文明的发源与水息息相关。两河流域的古巴比伦、爱琴海地区的古希腊、尼罗河流域的古埃及、印度河流域的古印度及长江流域和黄河流域的中华文明，这些古文明中心，在很大程度上都离不开水——河流的巨大作用。

在地球上，哪里有水，哪里就有生命。没有水，食物中的养料不能被吸收，废物不能排出体外，药物不能到达起作用的部位。

无水难成美景。历来的风景名胜之地，多半是以水为主角进行安排的。例如，钱塘江大潮、珠穆朗玛雪峰、庐山的迷雾、黄山的云海、哈尔滨的冰灯，都是水的换景变形。用地质的眼光来看，拔地而起的桂林山峰，鬼斧神工的云南石林，黄土高坡的千沟万壑，雨花石的玲珑剔透，处处都有水的杰出表现。威尼斯、苏州、济南、岳阳也因水闻名，杭州西湖、扬州瘦西湖、北京昆明湖、武汉三镇、上海黄浦江、广州珠江……是水促成了环境美。

▶ 城市起源于江河流域

自古至今，人类都是逐水而居，于是在江河之畔率先升起了文明的曙光。对此，有人打了这样一个生动的比喻：对于人类数千年的文明经历，按照生物进化的过程，只不过相当于长距离游水的人，免不了要爬上岸边喘口气，在上岸喘气的过程中，如孩童游戏一般，创造了引以为豪的"岸边文明"。

城市是人类文明发展的象征，早期城市的形成、崛起和发展，衰落、消亡和迁移，都与河流有关。人类总把自己的居住地选择在水系最发达的地方。

北京是我们伟大祖国的首都。3 000 多年来，它西倚太行山，北靠燕山，前临坦荡的华北平原，自黄土高原流来的永定河从它的身边流过，山环水抱，地理位置十分优越。作为国都有 800 多年的历史。如果从有人类活动遗迹算起，它的历史可以追溯到几十万年前，北京人、山顶洞人都在这里生息繁衍。北京的水系发达，地形、地貌、气候、生态等各种条件都适合人类居住建都。在 25 亿~6 亿年前，北京地区是一片汪洋大海，考古人员曾在这里发掘出大约 10 亿年前的蓝藻化石，这是海洋里特有的物种。后来发生了剧烈的造山运动，被称为"燕山运动"，强烈的地壳运动和火山喷发使燕山和太行山逐渐隆起，北京地区形成了西北高、东南低的地貌格局。西部有太行山脉，北部有燕山山脉，俯瞰北京地区，它就像一个海湾。这种地貌为河流的发育打下了良好的基础。

武汉地处长江中游，处在长江、汉水汇流之处。明代前，汉口与汉阳连成一片，当时汉口位于汉水入江口的三角洲，境内一片沼泽荒滩。后来汉水改道，汉口一跃成为全国的四大商业名镇之一。进入近代，水运交通工具的改进及汉口沿江地带优越的建港条件，更刺激了汉口的发展。现在，武汉三镇已成为我国中部地区最大的经济中心。

蓝　藻

　　蓝藻是原核生物，大多数蓝藻的细胞壁外面有胶质衣，因此又叫粘藻。在所有藻类生物中，蓝藻是最简单、最原始的一种。蓝藻是单细胞生物，没有细胞核，但细胞中央含有核物质，通常呈颗粒状或网状，染色质和色素均匀地分布在细胞质中。该核物质没有核膜和核仁，但具有核的功能，故称其为原核（或拟核）。

气候变化对水的影响

　　研究表明，全球气候变化将增加许多国家洪涝和干旱灾害发生的风险，将继续对各国自然生态系统和经济社会系统产生负面影响，对水资源供需、森林和草地生态系统等的影响更为显著。那么，水安全将受到怎样的挑战，我们将如何应对？

　　人类的活动是气候变暖的主要因素。气候变暖会使大气水循环的速度加快。大气水循环速度加快之后，更容易产生一些气候极端事件。例如暴雨、干旱、台风等，同时极端天气事件的频率和强度都有可能增大。

　　水对气候具有调节作用。大气中的水汽能阻挡地球辐射量的60%，保护地球不致冷却。海洋和陆地水体在夏季能吸收和积累热量，使气温不致过高；在冬季则能缓慢地释放热量，使气温不致过低。

　　专家指出，气候变化对水安全的影响有三个大的方面：

　　首先是供水安全，就是有没有足够的水给人们用。过去的30年来，由于人类活动和气候变化的共同影响，我国北方的河流径流量大大减少。海河流域降水减少10%左右，径流量减少40%～60%。在黄河中游减少30%～40%，以人类活动的影响为主。

　　第二是水环境和水生态安全。气温升高之后，对水体生物的生活环境会产生影响，水体生物的分布会发生变化；水体容易产生蓝藻、富营养化等问题，再加上降雨减少，径流减少，对水的稀释能力变小，自净能力减弱。

第三是水利工程安全。一是全球变暖使得洪水的强度和频率发生变化。二是气温的升高，影响工程材料的耐久性。

面对气候变化对水带来的影响，各国应该采取各项措施积极应对。在防洪方面，加强防洪工程体系和非工程体系的建设，加大对江河堤防体系和海堤建设的投入。

趣味点击　　富营养化

富营养化是一种氮、磷等植物营养物质含量过多所引起的水质污染现象。在自然条件下，随着河流夹带冲击物和水生生物残骸在湖底的不断沉降淤积，湖泊会从平营养湖过渡为富营养湖，进而演变为沼泽和陆地，这是一种极为缓慢的过程。但由于人类的活动，将大量工业废水和生活污水以及农田径流中的植物营养物质排入湖泊、水库、河口、海湾等缓流水体后，水生生物特别是藻类将大量繁殖，使生物量的种群种类数量发生改变，破坏了水体的生态平衡。

▶ 水是农业的命脉

中国是古老的农耕国度，千百年来，靠天吃饭一直是主旋律，但天有不测风云，"雨养农业"着实靠不住。于是，古人便"因天时，就地利"，修水库、开渠道，引水浇灌干渴的土地，从而开辟出物阜民丰的新天地。2 000 多年前，李冰父子修建都江堰，引岷江水进入成都平原，灌溉出"水旱从人"、"沃野千里"的"天府之国"，至今四川人民仍大受其益；20 世纪 60 年代，河南林州人民建成红旗渠，引来漳河水，从此在红旗渠一脉生命之水、幸福之水的滋润下，苦难深重的林州人民摆脱了千百年旱渴的折磨，走上了丰衣足食的富裕之路。

种子播入农田，土壤中要有一定的含水量，使种子体积迅速膨胀，外壳破裂。与此同时，子叶里储藏的营养物质溶解于水，并借助水分转运给胚根、胚轴、胚芽，使胚根生长发育成根，胚轴伸长拱出土面，胚芽逐渐发育成茎和叶，这样，种子才能萌发成幼苗。要使幼苗茁壮成长，开花结果，仍要给予充分的水分。植物体依靠根毛从土壤中吸收水分与养料，通过导管输到其他器官。叶子通过叶绿体，利用光能把二氧化碳合成有机物，它不仅供植物本身的需要，还为人类提供了食物，为工业提供了原料。叶子蒸腾水分，既可降低叶片温度，同时也促进水分及溶解于水中的养分上升至叶片，加速其新陈代谢的过程。

你知道吗

红旗渠

红旗渠是20世纪60年代，河南林州市人民在极其艰苦的条件下，从太行山腰修建的引漳入林工程。是我国重点文物保护单位，被世人称为"人工天河"，在国际上被誉为"世界第八大奇迹"。

由此可见，植物生长发育均要有相应的水量供给。如若土壤中水分不足就要予以灌溉补充，否则将影响植物发育或造成植物枯萎，甚至死亡。土壤水分与土壤中腐殖质一样，是代表土壤肥力的基本要素之一。土壤的植物生产力，很大程度上与土壤的水分有关。

用手抓一把植物，你会感到湿漉漉的、凉丝丝的，这是水的缘故。植物含有大量的水，约占体重的80%，蔬菜含水90%～95%，水生植物含水98%以上。水替植物输送养分；水使植物枝叶保持婀娜多姿的形态；水参加光合作用，制造有机物；水的蒸发，使植物保持稳定的温度不致被太阳灼伤。植物不仅满身是水，而且一生都在消耗水。1千克玉米是用368千克水浇灌出来的；同样的，小麦用513千克水，棉花用648千克水，水稻竟高达1吨水。一籽下地，万粒归仓，农业的大丰收，水立下了不小的功劳！

虽然水对农业有着不可替代的作用，但是农业生产对水环境也有着极大的负面影响，主要包括两个方面。

一、由于农业灌溉和农药使用以及养殖而增加的生命需水和冲刷洗涤用水，即水资源的消耗损耗水；二、由于农业污染的增加，减少了可利用水量，减少了水资源的环境容量，造成了水资源的进一步短缺和水污染程度的加重，即水资源的破坏和污染。前者具有消耗性，后者具有污染性。随着灌溉面积的扩大和保证农产品丰收的需求，农业灌溉需要越来越多的水资源。目前，农业用水仍占我国总供水量的70%；随着各类农药的大量应用，农药的拌和、稀释用水也不断增加；而规模化养殖业的发展壮大，使养殖用水大幅度地增加。所有这些，一方面，共同扩大了水资源的需求量；另一方面，也扩大了水污染的范围和程度，

拓展阅读

秸秆

秸秆是成熟农作物茎叶部分的总称。通常指小麦、水稻、玉米、薯类、油料、棉花、甘蔗和其他农作物在收获籽实后的剩余部分。农作物光合作用的产物有一半以上存于秸秆中，秸秆富含氮、磷、钾、钙、镁和有机质等，是一种具有多用途的可再生的生物资源。秸秆也是一种粗饲料。特点是粗纤维含量高，并含有木质素等。木质素虽不能为猪、鸡所利用，但却能被反刍动物牛、羊等牲畜吸收和利用。

进而既减少了水资源的可储存量、又减小了水环境容量，加剧了水资源的短缺和污染程度。

　　农业生产对水环境的污染，主要是来自化肥、农药和农膜的不合理使用，畜牧养殖业的排污，土地利用结构的不合理，农作物秸秆（副料）的废弃或不合理利用所造成的。

◢ 水是工业的血液

　　水，参加了工矿企业生产的一系列重要环节。在制造、加工、冷却、净化、空调、洗涤等方面发挥着重要的作用，被誉为工业的血液。例如，在钢铁厂，要靠水降温保证生产；钢锭轧制成钢材，要用水冷却；高炉转炉的部分烟尘要靠水来收集。水在造纸厂是纸浆原料的疏解剂、解释剂、洗涤运输

介质和药物的溶剂，制造1吨纸需用450吨水。火力发电厂冷却用水量十分巨大，同时，也消耗部分水。食品厂的和面、蒸馏、煮沸、腌制、发酵都离不开水，酱油、醋、汽水、啤酒等，干脆就是水的化身。

> ### 知识小链接
>
> ## 蒸 馏
>
> 蒸馏是一种热力学的分离工艺。它利用混合液体或液—固体系中各组分沸点不同，使低沸点组分蒸发，再冷凝以分离整个组分的单元操作过程，是蒸发和冷凝两种单元操作的联合。与其他的分离手段比较，它的优点在于不需要使用系统组分以外的其他溶剂，从而保证不会引入新的杂质。

水具有多种性能，它既是生产饮料、食品加工的原料，又能起溶解、洗涤、调温的作用，还可作为动力。水在工业中的作用概括起来包括：作为原料（饮料、制冰、电解水）；蓄热（锅炉水、蒸气）；冷却水（发电机冷却水）；洗涤用水（清洗工业加工品、稀释污水）；工艺用水（溶解糖浆、造纸用水）；空调用水（纺织厂车间调整温度湿度用水）；水力（水电站、水力采煤）。一些耗水量特大的企业，水源条件往往成为选厂址的最关键因素。

著名河流

　　在大地上，河流是所有生命中最伟大最神奇的生命。每一条河流均从童年的小溪不由自主地向远方流去，当它穿越蛮荒无知时，会忽而浅笑，忽而欢腾；当它经历自由奔放的青年时，会忽而多愁善感深邃忧郁，忽而繁花似锦绚烂多彩；当它绕过荒滩冲过峡谷，便会显露出中年时的博大力量和思想；到了下游，河流平静下来，在微波和两岸风光中，我们能看见大地中最深沉最平静的时刻。

世界第一大河——亚马孙河

亚马孙河是世界上流域面积最广、流量最大的河流，被称为地球上的"河流之王"。

亚马孙河位于南美洲北部，发源于安第斯山脉。上源乌卡亚利河在秘鲁境内，从发源地先向北流，辗转迂回，奔腾在高山峡谷之中，再劈山破岭，冲出山地，转折向东，流淌于广阔的亚马孙平原上，最后在巴西注入大西洋，全长6 400多千米，长度仅次于尼

趣味点击

亚马孙河

亚马孙河位于南美洲，是世界流量最大、流域最广、支流最多的河流，长度位居世界第二。亚马孙河流量达每秒219 000立方米，流量比其他三条大河——尼罗河、长江、密西西比河的总和还要大几倍，大约相当于7条长江的流量，占世界河流流量的20%；流域面积达6 915 000平方千米，占南美洲面积的40%。

罗河而居第二位。

亚马孙河不仅源远流长，而且支流众多。它的大小支流在1 000条以上，其中长度超过1 500千米的有17条，是世界上水系最发达的河流。它的流域面积之大，约占南美洲总面积的40%，是世界上流域最广的河流。

亚马孙河流域内，大部分地区的年降水量达2 000毫米以上。干流所经地区，降水季节分配比较均匀。而南、北两侧支流地区，雨季正好相反，北部为3~6月，南部为10月~次年3月。加上安第斯山脉雪峰的冰雪融水，亚马孙河的水源终年供应充沛，洪水期流量极大，河口年平均流量约12万立方米/秒，每年泄入大西洋的水量约3 800亿立方米，占世界河流总流量的1/9。在远离河口300多千米的大西洋上，还可以看到亚马孙河那黄浊的河水。

亚马孙河也是世界上最宽的河流。在一般情况下，上游宽约700米，中游5 000米以上，下游约2 200米，河口处更宽达320千米。由于亚马孙平原地势低平坦荡，河床比降小，流速很缓慢，每到洪水季节，河水排泄不畅，

常使两岸数十千米至数百千米的平原、谷地，连成汪洋一片，亚马孙河因此而获得"河海"的称号。

地球上许多大河都有三角洲，而世界上最大的河流亚马孙河却没有三角洲。主要原因：（1）亚马孙河口是圭亚那暖流流经的海区，缺乏稳定的沉积环境，河流所携带的大部分泥沙被沿岸洋流带走。圭亚那暖流是大西洋的北赤道暖流遇到南美大陆后，分支形成的北支洋流。其大部分海水由东南向西北从亚马孙河口的沿岸流过；另一部分海水在亚马孙河口离岸东流，形成赤道逆流。圭亚那暖流的沿岸和离岸流动相对增大

亚马孙河

了河流入海后的流速，增强了河水的携沙能力，造成了河口泥沙无法沉积的环境。同时，又把含有大量泥沙的黄浊河水，带到了离岸数百千米的大西洋中。（2）河口区原始水体深，地壳下沉，不利于三角洲的形成。亚马孙河口海水深，没有广阔的浅水区，滨海区大陆架狭窄而陡峻，并且，目前正处于下沉阶段，因此，没有出露三角洲。另外，南美大陆东部海岸线平直，又缺少岛屿，大西洋的波浪和海流可直抵海岸。而亚马孙河河口宽阔，大西洋的海潮能够上溯到大陆内部 1 000 多千米，在强大的波浪和潮流的作用下，亚马孙河河口形成了喇叭状的三角港。

亚马孙大涌潮也可堪称世界涌潮之最。当涌潮出现时，其形，其景，其声，真是"壮观天下无"。

亚马孙河中的鱼类极为丰富，仅鲶鱼就有 500 多种。亚马孙流域的热带雨林为世界之最，约占世界森林总面积的 1/3。在盘根错节的草木之中，有着罕见的珍禽异兽——有大到可以捕鸟的蜘蛛，有种类比别处繁多的蝴蝶，还有差不多占世界鸟类总数一半的各种鸟。

亚马孙河还保留着世界上鲜为人知的许多秘密。大量的神话传说告诉人们，数不胜数的片片未被开发的原始森林里，到处都是带毒的虫子和凶猛、

狠毒的野兽。1970 年，巴西政府利用空中摄像和遥感技术对亚马孙河流域进行勘探发现，在荟郁树木的华盖之下，还奔流着一条长约 640 千米从未被发现过的亚马孙河支流。

拓展阅读

鲶 鱼

　　鲶鱼，即"鲇鱼"，鲶的同类几乎是分布在全世界，多数种类是生活在池塘或河川等的淡水中，但部分种类生活在海洋里。普遍的体上没有鳞，有扁平的头和大口，口的周围有数条长须。利用此须能辨别出味道，这是它的特征。

　　亚马孙河有一个具有神秘色彩的人类世界，其中生活着的许多部落，古风犹存，极少受现代生活的干扰。他们捕猎野生动物。以弓箭捕鱼，种植甜瓜。

　　亚马孙河水系具有非常优越的航运条件。它河宽水深，而且主要河段上没有瀑布险滩，并可与各大支流下游直接通航，形成了庞大的水道系统。3 000 吨的海轮沿干流上溯，可达秘鲁的伊基托斯，7 000 吨海轮可达马瑙斯，整个水系可供通航的河道总长约 2.5 万千米。但是，富饶的亚马孙河流域尚没有很好的开发，这里的人口稀少，没有铁路，公路也很少。船是人们生活的场所，住宅、商店和学校都设在船上，连集会、婚礼和葬仪也都在船上进行。在陆地上较高的地方，才有稀疏的村落分布。

🔍 中国南北气候过渡带——淮河

　　淮河，是中国七大江河之一，流域面积跨豫、皖、苏、鲁等省。淮河流域本来是一个航运畅通，灌溉便利，两岸沃野千里的好地方，民间曾流传着"走千走万，比不上淮河两岸"的谚语。但是在历史上，黄河曾经先后两次决口，改道南下，抢占了淮河河道，与淮河合流共同东流进入黄海。在这期间，黄河带来的大量泥沙，把淮河的河床，特别是下游的河床，淤得高高的。可是到了 1855 年，黄河重新回到北面，流入渤海，而这时的淮河，因为黄河回到北面去了，水量少了，没有力量把淤积的泥沙冲走，原来淮河的出海河道就变成了一条干涸的高出地面的沙堤，堵塞了淮河的出海通道。从此以后，淮河就不能直接向东流入黄海，只能转弯抹角，向南流入长江，借道流入东海。

淮河干流发源于河南省南部的桐柏山，东流经过河南、安徽，到江苏省注入洪泽湖，然后入长江，全长约 1 000 千米，流域总面积约 18.7 万平方千米。它北面汇集了颖、涡、浍、沱等支流，南面又有许多水量丰富的支流加入。淮河长度虽只及黄河的 1/5，水量却相当于黄河的 2/3。

知识小链接

洪泽湖

洪泽湖，中国第四大淡水湖。在江苏省西部淮河下游。原为浅水小湖群，古称富陵湖，两汉以后称破釜塘，隋朝称洪泽浦，唐朝始名洪泽湖。1128 年以后，黄河南徙经泗水在淮阴以下夺淮河下游河道入海，淮河失去入海水道，在盱眙以东潴水，原来的小湖扩大为洪泽湖。

淮河流域地处我国南北气候过渡带，属暖温带半湿润季风气候区，其特点：冬春干旱少雨，夏秋闷热多雨，冷暖和旱涝转变急剧。年平均气温在 11℃ ~16℃。气温由北向南，由沿海向内陆递增，最高月平均气温 25℃ 左右，出现在 7 月份；最低月平均气温在 0℃，出现在 1 月份；极端最高气温可达 40℃ 以上，极端最低气温可达 –20℃。

淮河流域多年平均降雨量为 911 毫米，总的趋势是南部大、北部小，山区大、平原小，沿海大、内陆小。安徽大别山区淠河上游年降雨量最大，可达 1 500 毫米以上，而西北部与黄河相邻地区则不到 680 毫米。东北部沂蒙山区虽处于本流域最北处，由于地形及邻海缘故，年降雨量可达 850 ~ 900 毫米。流域内 5 ~ 9 月为汛期，平均降雨量达 578 毫米，约占全年降雨量的 63%。

俄罗斯第一大河——叶尼塞河

俄罗斯第一大河——叶尼塞河，水量、水能资源均居首位，长度若以色楞格河为源也居首位。有两条源流，一是大叶尼塞河，一是小叶尼塞河。两河于克孜勒附近汇合后称叶尼塞河。叶尼塞河干流从南向北流，最后注入喀拉海的叶尼塞湾。流域面积约260万平方千米，总落差约1 578米，

叶尼塞河

河口多年平均径流量6 255亿立方米，平均年输沙量124万吨。从大叶尼塞河和小叶尼塞河的汇合处（在图瓦盆地中心的克孜尔城附近）算起，河长约3 487千米；以大叶尼塞为源，河长约4 086千米；若以小叶尼塞河为源，则河长约4 044千米；从色楞格河的源头（源自蒙古北部）算起，河长约5 540千米。小叶尼塞河发源于唐努乌拉山脉，大叶尼塞河发源于

你知道吗

盆地

盆地，顾名思义，就像一个放在地上的大盆子，所以，人们就把四周高（山地或高原）、中部低（平原或丘陵）的盆状地形称为盆地。地球上最大的盆地在东非大陆中部，叫刚果盆地或扎伊尔盆地，面积约相当于加拿大的1/3。这是非洲重要的农业区，盆地边缘有着丰富的矿产资源。

东萨彦岭的喀拉·布鲁克湖。

非洲第二长河——刚果河

刚果河是世界著名的大河，源自赞比亚北部高原东北的谦比西河，最后注入大西洋。刚果河流域的水能蕴藏量居世界首位，约占世界已知水力资源的 1/6。刚果河全长约 4 700 千米，为非洲第二长河。流域面积约 370 万平方千米。刚果河发源于东非高原，干流流贯刚果盆地，呈一大弧形，两次穿过赤道，最后沿刚果（金）和刚果（布）的边界注入大西洋，总体流向自西向东。其中 60% 在刚果（金）境内，其余面积分布在刚果（布）、喀麦隆、中非、卢旺达、布隆迪、坦桑尼亚、赞比亚和安哥拉等国。其流域面积和流量均居非洲首位，在世界大河中仅次于南美洲的亚马孙河，居第二位。在非洲其长度仅次于尼罗河，而流量却比尼罗河大 16 倍。

刚果河

因流域面积大，支流众多，流域处于热带雨林气候区，降水丰富，致使刚果河流量丰富，但刚果河的河床内有多处急滩和瀑布，阻碍了航运的发展，目前只能分段通航；且径流季节变化小（因地处热带雨林气候区，降水分配均匀）；含沙量小（流经湿润茂密的热带雨林地区）；落差大。

东南亚的众水之母——湄公河

湄公河的上源是澜沧江，发源于我国青藏高原海拔 5 000 千米以上的高山区，进入中南半岛后，叫湄公河。湄公河长约 2 139 千米，为东南亚最重要的国际河流。

湄公河大致由北往南，流经缅甸、老挝、泰国、柬埔寨和越南，注入南海。湄公河沿岸各国人民世代辛勤劳动，创造了古老而光辉灿烂的文化，有闻名世界的吴哥古迹。

湄公河哺育了两岸的人民，带来了丰富的农、林、牧、渔资源，难怪人们对它具有深厚的感情了。

湄公河分为上、中、下游和三角洲四段。

湄公河

从中、缅、老三国边界到万象是湄公河的上游。这一带地形起伏很大，形成许多激流和瀑布，沿岸长满葱绿的森林。开始300多千米，河身曲折而狭窄，多深邃的峡谷。经常出现悬崖峭壁，急流浅滩。山青水碧，人烟稀少，野兽出没，常有象群到河中戏水。往东，山势逐渐降低，但到了甘东峡谷，两岸又是悬崖插天，幽深的河谷只有在中午时才能见到太阳。过了琅勃拉邦，两岸又是一片原始森林，参天巨树高达50米以上，林间长满了稠密的竹子和羊齿植物。

从万象到巴色是湄公河中游段。在沙湾拿吉以上，地势平坦，河谷宽广，水流平静，全年可以通行200吨的轮船；沙湾拿吉以下，河谷穿越丘陵，有许多岸礁和浅滩，河床陡降，出现全河最长的锦马叻长滩，河水奔腾汹涌，波涛翻滚，急流总长约85千米。

从巴色到金边是湄公河下游段，河流流经起伏不大的准平原，海拔不到100米，河身宽阔多汊流。在一些残丘、小丘紧夹或横贯河道的玄武岩脉等地段，构成了许多险滩激流。老挝、柬埔寨边境附近的康瀑布宽达10千米，高21米，河水汹涌澎湃，是全河最大的险水段。桔井以下，湄公河展宽加深，水流缓慢，有许多沙洲、河曲和小湖沼。磅湛以下，原是一个海湾，经过泥沙长期沉积，成为古三角洲，海拔不到10米，最后剩下的水体叫洞里萨湖，湄公河借助于洞里萨河与洞里萨湖连接起来，在洪水期河水从湄公河流入湖中，平水位时则由洞里萨湖流入湄公河，这样，洞里萨湖就成了一个天然水库，起着调节湄公河下游水量的作用。这一带丘陵与平原上，有郁郁苍苍的橡胶林、咖啡园和胡椒园，田野上到处可见到世界少有的糖棕。

金边以下到河口是新三角洲。这里河道分支特别多，湄公河在金边附近，形成"四臂湾"，接纳了洞里萨河后，先分为前江和后江两大支流，平行流经越南南方，又分成六大支流、九个河口，倾泻入海。这里的河水，随着干、湿季的变换，时清时浊，时缓时急。当它波涛翻滚，咆哮流泻时，状如巨龙，越南人民叫它九龙江。无数汊流，加上人工渠道，构成了一个交错密布的水网，岸边水椰子高耸挺秀，一派热带水乡风光。这里由于地势低洼，排水不良，形成许多沼泽地。新三角洲地势坦荡，稻田、鱼塘和果园，一望无际，是个鱼米之乡。

湄公河每年入海水量平均约 463 亿立方米，水位变化很大，金边的洪峰和枯水水位相差 10 米左右。5~10 月，正值雨季，是最大汛期；秋后干季来临，流量减少，两者相差达 60 倍。

湄公河的水力资源很丰富，蕴藏有 1 000 万千瓦水力，许多峡谷地形有利于建设水电站。

◤ 彩鸟栖息之河——乌拉圭河

乌拉圭河一词源自当地的瓜拉尼语，意为"彩鸟栖息之河"，位于南美洲东南部，发源于巴西南部海岸的马尔山脉西坡，源流名叫佩洛塔斯河，在与卡诺阿斯河相汇后始称乌拉圭河。河流先自东向西流，在巴西与阿根廷交界处突然折向南，而后自北向南流，在阿根廷首都布宜诺斯艾利斯以北叫拉普拉塔河，向东南流，最后汇入大西洋。干流全长约 1 600 千米，流域面积约24 万平方千米。乌拉圭河是一条国际性河流，上游在巴西南里奥格兰德州（巴西最南端）和圣卡塔琳娜州境内，中游为巴西与阿根廷的界河，下游是阿根廷与乌拉圭的界河。乌拉圭河上游为丘陵地带，河流在深切的 V 形峡谷中穿行。该地区属于巴拉那沉积区。河道险滩、瀑布密布，经常出现大拐弯。

中、下游河道地势较低，海拔 250 米左右，水流平缓。乌拉圭河及其支流构成了巴西最南部、阿根廷最东部和乌拉圭西部稠密的水道网，水量充沛，水力资源丰富。乌拉圭这个国名就来自乌拉圭河。

基本小知识

干　流

　　干流是由两条以上大小不等的河流以不同形式汇合，构成一个河道体系。干流是此河道体系中级别最高的河流。它从河口一直向上延伸到河源。黄河干流全长约 5 464 千米，分为上游、中游及下游三个河段。

中国梯级电站众多的河流——红水河

　　在我国的西南地区，那红色的土壤，苍翠的高山，陡峻的峡谷，奔腾的激流，还有火红的木棉花，都给人留下深刻的印象。

　　在这美丽的红色土地上，有一条水色红褐的河流在静静地流淌，它就是红水河。

　　红水河发源于滇东沾益县的马雄山，流至滇、黔、桂三省区交界处，东流成为黔、桂两省区的界河，到贵州望漠县与北盘江汇合后始称为红水河，至象州县石龙镇三江口止，全长 600 多千米。在三江口与柳江汇合后则称为黔江，直到桂平，长约 123 千米。泛指的红水河是从南盘江的支流黄泥河口到桂平，全长约 1 049 千米，流域面积约 19 万平方千米。

　　红水河是珠江流域西江水系

红水河风景图

的干流，它的水能资源蕴藏极为丰富。上游南盘江长约 914 千米，总落差为 1 854 米，与北盘江汇合称红水河后，落差为 254 米。红水河的长度虽远不如黄河，但平均水量却是黄河的 1.4 倍。红水河不仅水量丰富，而且急滩跌水不断，落差很大而且集中。自天生桥梯级正常蓄水位 780 米至大藤坝直线天然枯水位 23.05 米，共有落差 756.5 米。尤其是天生桥至纳贡一段约 14.5 千米，集中落差达 181 米。因此具有修建高库大坝的有利地形，工程地质条件和技术经济指标都很优越，红水河是我国进行水电梯级开发的重要基地之一。

早在 20 世纪 50 年代，我国就开始了对红水河流域水电资源的调查和开发研究。20 世纪 80 年代，红水河水电开发提到了十分重要的位置，提出了以发电为主，兼顾防洪、航运、灌溉、水产等综合利用的开发方针。1981 年，国家通过了《红水河综合规划报告》，提出了南盘江、红水河段分十个梯级进行开发，建设天生桥一级、天生桥二级、平班、龙滩、岸滩、大化、百龙滩、恶滩、桥巩、大藤峡 10 座水电站，加上南盘江支流黄泥河的鲁布革电站，共 11 座，总装机容量约 1 313 万千瓦，年发电量约 532.9 亿千瓦时。

天生桥一级是南盘江、红水河梯级开发的龙头电站。在高峻陡峭急流的峡谷河段，从 1991 年开工，修筑一座高约 178 米，坝顶长约 1 137 米的面板堆石坝。大坝建成后，将形成一座长约 127.5 千米，水面 176 平方千米的山间巨型水库，总蓄水量达 102.5 亿立方米。龙滩水电站位于龙滩两岸高山峡谷中，水库总库容约 272.7 亿立方米。它是红水河最大的一座梯级电站，也是仅次于长江三峡电站我国修建的第二大水电站。

拓展阅读

水电站

水电站是指将水能转换为电能的综合工程设施。一般包括由挡水、泄水建筑物形成的水库和水电站引水系统、发电厂房、机电设备等。水库的高水位水经引水系统流入厂房推动水轮发电机组发出电能，再经升压变压器、开关站和输电线路输入电网。

红水河上的这 11 座水电站，好比一串璀璨的明珠，当它们全部建成后，将放射出举世瞩目的光彩。对于改善红水河流域的航运灌溉状况，振兴西南经济，解决西南地区能源紧张的矛盾具有十分重要的意义。

◉ 中国最长的内陆河——塔里木河

在我国西北荒漠地区，蜿蜒流动着一条自西向东横贯于新疆大地的河流，它就是我国最长的内陆河——塔里木河。

我国西北广大干燥区，降水量小而蒸发量却大得惊人。在那里，地面上的河流，不仅少而且很短，常常是流到不远的地方就不见了。可是，塔里木河却源远流长，长达 2 100 多千米，比珠江的最大支流西江还要长 700 多千米。塔里木河的水是从哪里来的呢？

塔里木河的水是从塔里木盆地周围的高山，特别是从地势高耸的天山和昆仑山来的。因为天山和昆仑山山势高，山顶冰雪多，每当夏季，积雪消融，汇成河流。

塔里木河有三大支流，第一条是阿克苏河，它发源于天山山脉中山势最高的腾格里山脉。塔里木河的水，有 60% ~80% 是由阿克苏河供应的。

第二条支流叫和田河，它发源于昆仑山。这条河长约 806 千米，水量也很丰富。只是由于横越 400 千米宽的塔克拉玛干大沙漠时，沿途蒸发和渗漏，水量消耗不少，所以流进塔里木河的水，已为数不多，而且一年中，只有在洪水期才有水流进塔里木河，但是它的水量，仍占塔里木河总水量的 10% ~30%。

塔里木河的第三条重要支流就是叶尔羌河。叶尔羌河发源于喀拉昆仑山和帕米尔高原，流长约 1 079 千米，是塔里木河最长的一条支流，水量十分丰富。但是，叶尔羌河流出山口后，流过泽普、莎车、麦盖提、巴楚、阿瓦堤等县广大地区时，因大量消耗，能进入塔里木河的水已经很少了。为了充分利用水源，人们在巴楚筑了一条拦水坝，因此，叶尔羌河只在每年 7 ~9 月的洪水期，才有少量水流入塔里木河，这些水量约占塔里木河总水量的 4% ~5%。

在地图上，我们可以看到从巴楚到塔里木河的叶尔羌河以及横越塔克拉玛干的和田河都是虚线，说明这些河流只有在多水的季节才有水流过。这样的河流，我们称为季节性河流，又称为间歇性河流。

阿克苏河、和田河以及叶尔羌河等三条支流汇合以后，先是向东，然后向东南流入塔里木盆地东南部的台特马湖，全长约 1 100 千米。在这一大段流程中，基本上没有支流加入。所以愈到下游，河流水量愈趋减少。同时河道里泥沙堆积又很快，使河床变浅加高。这样，就像黄河下游过去所出现的情况那样，每当洪水期就经常决口、改道，游荡不定。塔里木河的南迁北徙，必然引起下游湖泊的变动，罗布泊就是这样。

许多人把罗布泊看作是一个怪湖，因为它老是神出鬼没，游移不定。在汉代，它的位置在塔克拉玛干沙漠的东北边缘，大约与现在的位置相当。到 1876 年，它已悄悄地搬到相距 100 千米以南的地方去了。1921 年，人们发现它又回到了北面的老家。后来人们才弄清楚，罗布泊的迁徙和塔里木河的改道是联系在一起的。当塔里木河摆到北面和孔雀河合在一起的时候，塔里木河的水就通过孔雀河进入到北面的洼地里面，形成湖泊，这就是罗布泊。当塔里木河摆到南面时，塔里木河的水就向东南流，进入另一个洼地，形成湖泊，这就是台特马湖，也有人称它为南罗布泊。在这种情况下，北面的罗布泊就因为缺乏水源而缩小、干涸，以至最后消失。当塔里木河又摆回北面时，罗布泊就又会重新出现，而南面的台特马湖就干涸、消失。如此反复交替，使人以为罗布泊是一个游移不定的湖泊。

塔里木河的变化，罗布泊的迁移，都引起大片农田、牧场和城镇的兴废。在汉代，塔里木河注入罗布泊，因为有了水，人们就在那里从事农业生产，发展畜牧，并且逐渐发展成为一个部落，当时称为"楼兰国"。但后来由于塔里木河改道流入南面的台特马湖，人

趣味点击　　楼兰国

楼兰古城四周的墙垣，许多处已经坍塌，只剩下断断续续的墙垣孤零零地站立着。城区呈正方形，面积约 10 万平方米。楼兰遗址全景旷古凝重，显得格外苍凉、悲壮。

们只好跑到台特马湖周围重建家园，而罗布泊畔的这个古国就只留下了几片断垣残壁。

塔里木河的水量主要靠高山冰雪融水补给，夏秋季节，气温升高，塔里木河的上游出现洪水期，这时河水水量急剧增加，但到春季，枯水期到来，正是作物需水灌溉的季节。河流水量却急剧减少，个别河段还长时间断流。为了解决这一矛盾，新中国成立后，修筑了拦河大坝，截断了塔里木河流入罗布泊的水流，使河水向南流入台特马湖，沿河湖两岸的生产得到了稳步的发展。

◐ 世界上最高的河——雅鲁藏布江

雅鲁藏布江是我国著名的大河之一。它大部分海拔在3 500米以上，是世界上海拔最高的大河，被人们称为"世界屋脊"上的大河。

雅鲁藏布江的藏语意思为从最高顶峰上流下来的水。它像一条银色的巨龙，从西藏自治区西南部桑木张以西、喜马拉雅山北麓杰马央宗冰川自西向东横贯西藏南部，在米林县附近折向东绕过喜马拉雅山脉最东端的南加巴瓦峰转而南流，经巴昔卡流出国境至印度后，改称布拉马普特拉河，随后又流入孟加拉国，改称贾木纳河，与恒河相汇合后注入印度洋的孟加拉湾。它的上游在萨嘎以上，称为马泉河，有两个源头，正源就是杰马央宗曲，出自杰马央宗冰川；另外一个源头为库比曲，出自阿甲果冰川。至萨嘎有左岸支流汇入，以下始称雅鲁藏布江。雅鲁藏布江自源头至拉孜为上游，河床都在海拔3 950米以上，为高寒河谷地带，河谷宽浅，水流缓慢，水草丰美。自拉孜至则拉为中游，河谷宽窄交替出现，在冲积平原地区，河谷开阔，地势平坦，气候温和，是西藏农业最发达的地区。自则拉到国界为下游，则拉至派区河谷较宽，派区以下河流进入高山峡谷段，至六龙附近，河道绕过7 782米的南迦巴瓦峰，骤然由东北转向南流，随后又转向西南，形成世界罕见的雅鲁藏布江马蹄形大拐弯峡谷。

雅鲁藏布江大峡谷围绕喜马拉雅山最高峰作马蹄形大拐弯，外侧有7 234

米的加拉白垒峰夹峙，整个大拐弯峡谷完整连续地切割在青藏高原东南斜面地形单元上，自谷底向上，遍布褶皱和断裂，满山满坡覆盖着茂密的原始森林，不同高度的垂直自然带齐全，山地上部冰雪覆盖，冰川悬垂，景色十分奇特壮丽。在这里，有着独特的生态系统，发育繁衍着复杂而丰富的植被类型和动、植物区系，被誉为"植被类型的天然博物馆"、"山地生物资源的基因库"。

雅鲁藏布江不仅是世界上最高的大河，在我国它还是水能巨大的河流。由于它的流域内水量充足，河床海拔高，落差大，蕴藏着极为丰富的水力资源，其干流和五大支流的天然水力蕴藏量为 9 000 多万千瓦，仅次于长江，居全国第二位。雅鲁藏布江大拐弯峡谷地区，山高谷深，是世界上水能最为集中的地点之一。

雅鲁藏布江哺育着两岸肥沃的土地，西藏耕地的 95% 都分布在雅鲁藏布江流域。特别是中游一带，众多的支流不仅提供了丰富的水源，而且形成了宽广的河谷平原，是西藏主要和最富庶的农业地区。西藏一些重要的城镇，都坐落在雅鲁藏布江干支流的中下游河谷平原上，如"日光城"拉萨、第二大城市日喀则、英雄城市江孜、"天然博物馆"墨脱、新兴工业城

雅鲁藏布江全景

林芝等。雅鲁藏布江哺育着两岸数百万藏族人民，而藏族人民以勤劳的双手和无穷的智慧，描绘着壮丽的大好河山。

🔖 世界上拥有最宽瀑布的河——赞比西河

赞比西河（又称为利巴河）是非洲流入印度洋的第一大河。它的长度、

流域面积都居非洲河流的第四位，但它的流量则仅次于刚果河而居非洲第二位。

赞比西河发源于安哥拉西北部的山地，向南流入赞比亚境内。源地为起伏轻微的准平原地形，在雨季时，赞比西河及其支流的上源，洪水漫溢，形成大片沼泽，并与刚果河干支流的上源所形成的沼泽互相连通，呈现出一种独特的地理景观。

赞比西河上游和中游，山高谷深，水流湍急，有大小 72 道瀑布。其中，最著名的是莫西奥图尼亚（维多利亚）瀑布。

赞比西河

莫西奥图尼亚瀑布位于赞比亚和津巴布韦交界处附近深约 240 米的巴托卡峡谷。它宽达 1 800 米，落差 122 米，从 100 多米的高处倾泻而下，落进 30 米宽的斯迈特山谷，仿佛一幅巨大的水帘，凌空降落；又像一条白练，悬挂天边。流水冲击着谷底的岩床，发出雷鸣般的吼声，激起的浪花水雾，被风吹扬到几百米的高空。弥漫的水雾在太阳光的照耀下，形成一条绚丽多彩、经久不散的彩虹，飞架于大瀑布和对面的峭壁之间，其景色蔚为壮观。

1885 年，英国探险家利文斯敦在赞比西河旅行时，发现了莫西奥图尼亚瀑布，并用英国女王"维多利亚"的名字给它命名。其实，当地人早就给这个瀑布命名为"莫西奥图尼亚"了。

赞比西河涨水时期，流过瀑布的水量每秒可达 5 000 多立方米。如果用这些水来发电，可以满足赤道以南非洲各国的工业和民用的需要。

赞比西河的中游水道呈现向北弯曲的弧形，南侧支流流程较短，集水面积较小；北侧支流流程较长，集水面积较大。主要支流有卡富埃河和卢安瓜河。

赞比西河下游有一条从北侧而来的大支流，名叫希雷河。它导源于马拉维湖，在进入平原区以前，切割高原而形成一系列的峡谷、险滩和瀑布。

　　赞比西河流经干、湿气候区，流域内降水量较热带多雨区少。从东西方向看，东部接近海洋，比较湿润；西部则比较干燥。流域西南部已靠近干旱气候区，有些支流已成为季节性河流。

基本小知识

赤　道

　　赤道是地球表面的点随地球自转产生的轨迹中周长最长的圆周线。赤道半径 6 378.137 千米，两极半径 6 359.752 千米，平均半径 6 371.012 千米，赤道周长 40 075.7 千米。如果把地球看作一个绝对的球体，那么赤道距离南北两极相等，是一个大圆。赤道把地球分为南北两半球，其以北是北半球，以南是南半球，是划分纬度的基线，赤道的纬度为 0°。赤道是地球上重力最小的地方。赤道是南北纬线的起点（即零度纬线），也是地球上最长的纬线。

　　由于气候有明显的干湿季，河流流量也有季节变化。夏天雨季是赞比西河的洪水期，而冬天干季则是枯水期。因为各河段的雨季有先有后，所以洪水期的出现也就有早有晚。上游各支流多在北侧，源地雨季开始较早，洪水期出现在 2~3 月；中下游则延至 4~6 月。洪水期与枯水期的流量差别很大，最大流量是最小流量的 10 倍以上。

　　赞比西河由于多急流、多瀑布，所以只能分段通航，航运的意义不大。

▶ 鳄鱼河——林波波河

　　林波波河是非洲东南部的一条大河，因河中鳄鱼很多又叫"鳄鱼河"。"林波波"在当地的土著语中意为"鳄"。全长约 1 600 千米，流域面积 38.5 万平方千米。它发源于约翰内斯堡附近的高地，向北流至南非与博茨瓦纳边界后向东北流，流至南非与津巴布韦边界后向东流，至帕富里附近入莫桑比克境内，向东南流入印度洋。沿岸主要支流有沙谢河、象河、尚加内河等。上游支流水量小，多为间歇河；中游切过南非高原边缘山地，多瀑布、急流、浅滩；下游为平原地区河流。中、下游河段受气候影响明显，水量变化较大，雨季时河道加宽，容易造成大水泛滥，使沿岸多沼泽、湖泊。博茨瓦纳、莫桑比克已在林波波河沿岸兴建多项灌溉工程，包括哈博罗内、尼瓦内、沙谢和圭哈水坝等。林波波河在与象河汇流后的河段终年可通航。

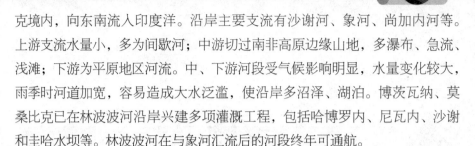

知识小链接

水 坝

水坝是拦截江河渠道水流以抬高水位或调节流量的挡水建筑物。可形成水库、抬高水位、调节径流、集中水头，用于防洪、供水、灌溉、水力发电、改善航运等。调整河势、保护岸床的河道整治建筑物也称坝，比如丁坝、顺坝和潜坝等。

伟大的人工杰作

运河是人工开挖用于通航的河，目前已知的世界上最早的运河是在公元前4000年由西亚美索不达米亚人开挖的运河。中国开凿运河也很早，广西灵渠凿成于公元前214年，是世界最古老的运河之一。而京杭大运河是一条贯通我国南北水运的大动脉。它自开凿以来经历了2 500多年的沧桑变迁，迄今仍奔流在华夏大地上，依然发挥着航运、水利、南水北调、生态保护等功能，作为"活着的、流动着的人类遗产"，堪称中华文明的瑰宝、世界级古代水运工程。本章以悠久的历史，多角度地向读者述说世界各大著名运河的过去与现在，畅想更加美好的未来。

世界上著名的人工水道——巴拿马运河

巴拿马运河

介于北美大陆和南美大陆之间的中美地峡，原来像一条天然的大坝，横卧在两大洋之间，隔断了太平洋与大西洋的来往。20世纪初，人们在这里建成了一条著名的人工运河，这就是巴拿马运河。它把太平洋和大西洋沟通起来，成为世界上重要的"水桥"。

巴拿马地峡狭窄而弯曲，在它的东西两侧，分别有一列西北—东南向的山脉。它们的末端错开着形成一个缺口，宽度67千米，占据其间的是坡度陡峭的圆丘，最高点的海拔不过87米。地峡的东西两岸，景色显然有别，面向加勒比海的东岸，雨量丰沛，满布着葱郁的热带雨林；面向太平洋的西岸，雨量显著减少，出现的是半落叶森林，有的地方，甚至代之以热带稀树草原。

在西班牙殖民主义者于1500年10月根据哥伦布制定的路线第一次到达巴拿马地峡之前，这里是印第安人休养生息的乐园。他们是这里的真正主人，辛勤劳作，产生了相当发达的农业和手工业，学会了算术，知道了如何建造吊桥和铺路，创造了古老的巴拿马

趣味点击   吊桥

吊桥又称悬索桥，由悬索、桥塔、吊杆、锚锭、加劲梁及桥面系所组成。吊桥的跨越能力是各种桥梁体系中最大的。按加劲梁的刚度，吊桥又可分为柔性与刚性两种。

文化。

欧洲殖民主义者给巴拿马人民带来浩劫。大批印第安人被杀或当牲畜一样赤身裸体地被牵到市场上出卖，大量财富被抢掠，殖民主义者的"文明"给印第安人带来了灾难和毁灭。同时它也激起了当地人民的反抗，斗争此起彼伏，连绵不断，长达3个多世纪，直到1821年11月28日巴拿马从西班牙殖民主义的统治下获得独立，并加入了玻利瓦尔在1919年建立的大哥伦比亚。

由于巴拿马地峡处于两大洋交界处的战略地位，西班牙在1814年就提出了开凿运河的设想，但没有付诸行动。后来，美国排除了其他国家在巴拿马的势力，于1902年向哥伦比亚政府提出开凿运河和永久租借运河两岸的无理要求，遭到了哥伦比亚国内人民的强烈反对，议会拒绝了美国的要求。但是，在1903年当巴拿马宣布从哥伦比亚独立后不久，首任总统阿马多率领一个代表团前往美国访问，美国收买混进新政府充任巴拿马驻华盛顿公使的布诺瓦里亚，抢先草拟了运河条约，并在阿马多总统到达华盛顿前，由美国国会通过了这个条约，造成了既成事实。在美国的压力下，同年12月，巴拿马给美国永久占领、使用、控制运河区的权利，美国像主权所有者那样，在运河区拥有一切权利，而美国为此仅仅付给巴拿马1 000万美元的所谓代价，并规定9年后每年再付款25万美元。

巴拿马运河全长约82千米，河宽152～304米。虽然太平洋位于大西洋的西面，但是沟通两大洋的运河并不是东西走向。自太平洋通过运河到大西洋时，轮船反而自东南向西北航行。当船到达大西洋岸时，它的位置反而比在太平洋岸时更偏西了。这种有趣的现象是因为巴拿马运河附近的地峡基本上成西南—东北走向。

巴拿马运河不是一条海平面式

你知道吗

海　峡

　　海峡是指两块陆地之间连接两个海或洋的较狭窄的水道。它一般深度较大，水流较急。海峡的地理位置特别重要，不仅是交通要道、航运枢纽，而且历来是兵家必争之地。因此，人们常把它称之为"海上走廊"、"黄金水道"。

的运河。除两端一小段外，大部分的运河河段的水面高出海面 25 米，船只通过运河好像越过一座水桥，必须在靠近入口处经过三道水闸，升高 25 米，然后在靠近出口处再经过三道水闸下降到海面的高度。这种运河叫水闸式运河。

巴拿马运河为什么不修成海平面式的，而修成水闸式的呢？原来巴拿马地峡是愈向北愈狭窄，每天涨潮时，海面上升的幅度很大，约达 7 米；高潮时，太平洋的水位要比加勒比海岸的水位高出 5～6 米。在这种情况下，就是采用海平面式的运河，也必须在它的两端修建水闸，来调整水位，否则在涨潮时，船只是很难通过运河的。

巴拿马运河航行设备齐全，昼夜均可通航，四五万吨级的船只在运河中能够畅通无阻。通过运河的时间一般需 15～16 小时。运河的开通使两大洋沿岸航程缩短了 5 000 多千米。例如，从美国纽约到日本横滨，经过巴拿马运河比绕麦哲伦海峡，航程缩短 5 320 多千米；从纽约到加拿大西部的温哥华，也可缩短很多距离。

世界上最长的人工运河——京杭大运河

京杭大运河

京杭大运河北起北京，南到杭州，纵贯京、津、冀、鲁、苏、浙六省市。贯穿海河、黄河、淮河、长江、钱塘江五大水系，全长 1 794 千米，是世界上开凿最早、路线最长的人工运河。

大运河始凿于公元前 5 世纪（春秋末期），后经隋朝和元朝两次大规模扩展，利用天然河道加以疏浚修凿连接而成。

大运河自通航以来，一直是我国漕运和商旅来往的重要通道，在促进国家的统一、经济文化的发展等方面，曾经起过积极的作用。

19 世纪后期，南北海运兴起，津浦铁路通车，它的作用逐渐缩小。现经部分拓宽加深，裁弯取直，增建船闸，已可通航。其中江、浙两省境内的大运河，仍是重要的水上运输线。它将进一步发挥航运、输水、灌溉、防洪和排涝等综合作用。

基本小知识

船　闸

船闸是用以保证船舶顺利通过航道上集中水位落差的厢形水工建筑物。船闸是应用最广的一种通航建筑物，多建筑在河流和运河上，为克服较大的潮差，也建筑在入海的河口和海港港口。

亚非之间的界河——苏伊士运河

苏伊士运河，北起地中海沿岸的塞得港，南到苏伊士城，全长约 190 千米。

运河从 1859 年开始动工，到 1869 年完成，历时 10 年之久。运河主权最初由法国资本家垄断。1882 年，英国武力侵占了埃及，从此，苏伊士运河便一直被英国所控制。1956 年 7 月 26 日，埃及政府才将运河收归国有。

苏伊士运河的开通，沟通了地中海和红海，大大缩短了从印度洋、太平洋两岸各国到西欧、北美的航程。船只经苏伊士运河要比绕道好望角缩短 8 000 ~ 10 000 千米的航程，节省时间。它是亚、非、欧三洲之间的交通要冲和战略要地，所以马克思称它为"东方伟大的

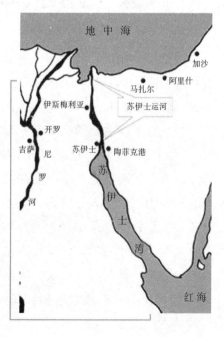

苏伊士运河

航道"。

"世界古代水利建筑明珠"——灵渠

　　灵渠又称湘桂运河，也称兴安运河。在广西壮族自治区兴安县境内。它是中国和世界最古老的人工运河之一，开凿于公元前218年。横亘湘、桂边境的南岭山势散乱，湘江、漓江上源在此相距很近。

　　灵渠的工程主要包括铧嘴、大小天平石堤、南渠、北渠、陡门和秦堤。大小天平石堤起自兴安城东南龙王庙山下呈"人"字形，左为大天平石堤，伸向东岸与北渠口相接；右为小天平石堤，伸向西岸与南渠口相接。铧嘴位于"人"字形石堤前端，用石砌成，削如铧犁。铧嘴将湘江上游河水分开，三分入漓，七分归湘。天平石堤顶部低于

灵　渠

两侧河岸，枯水季节可以拦截全部江水入渠，丰水期洪水又可越过堤顶，泄入湘江故道。南渠即人工开凿的运河，在湘江故道南，引湘水穿兴安城中，经始安水、灵河注入大榕江入漓。南渠、北渠是灵渠主体工程，陡门为提高水位、束水通舟的设施，相当现代的船闸，主要建于河道较浅、水流较急的地方。秦堤由小天平石堤终点至兴安县城上水门东岸，长约 2 千米。灵渠的修建，联结了长江和珠江两大水系，对岭南的经济和文化发展有着很大促进作用。湘、桂间铁路和公路建成后，灵渠已被改造为以灌溉为主的渠道。

▶ "世界水利文化的鼻祖" ——都江堰

　　都江堰坐落于四川省都江堰市，位于成都平原西部的岷江上。都江堰水利工程建于公元前 256 年，是全世界迄今为止年代最久、唯一留存、以无坝引水为特征的宏大水利工程。都江堰附近景色秀丽，文物古迹众多，主要有伏龙观、二王庙、安澜索桥、玉垒关、离堆公园、都江堰水利工程等。

　　都江堰水利工程由创建时的鱼嘴分水堤、飞沙堰溢洪道、宝瓶口引水口三大主体工程和百丈堤、人字堤等附属工程构成。都江堰科学地解决了江水自动分流、自动排沙、控制进水流量等问题，消除了水患，使川西平原

都江堰

成为"水旱从人"的"天府之国"。2 000 多年来，一直发挥着防洪灌溉作用。

　　鱼嘴是修建在江心的分水堤坝，把汹涌的岷江分隔成外江和内江，外江排洪，内江引水灌溉。飞沙堰起泄洪、排沙和调节水量的作用。宝瓶口控制进水流量，因口的形状如瓶颈，故称宝瓶口。内江水经过宝瓶口流入川西平原灌溉农田。从玉垒山截断的山丘部分，称为"离堆"。

　　都江堰水利工程充分利用当地西北高、东南低的地理条件，根据江河出

山口处特殊的地形、水脉、水势，乘势利导，无坝引水，自流灌溉，使堤防、分水、泄洪、排沙、控流相互依存，共为体系，保证了防洪、灌溉、水运和社会用水综合效益的充分发挥。都江堰建成后，成都平原沃野千里，"水旱从人，不知饥馑，时无荒年，谓之天府"，四川的经济文化有很大发展。都江堰的修建，以不破坏自然资源，充分利用自然资源为人类服务为前提，变害为利，使人、地、水三者高度协调统一。

我国关中地区最早的水利工程——郑国渠

郑国渠是最早在关中建设的大型水利工程，战国末年秦国开凿，公元前246年（秦始皇元年）由韩国水工郑国主持兴建，位于今天的泾阳县西北的泾河北岸。它西引泾水东注洛水。1985～1986年，考古工作者秦建明等对郑国渠渠首工程进行实地调查，经勘测和钻探，发现了当年拦截泾水的大坝残余。它东起距泾水东岸1 800米名叫尖嘴的高坡，西迄泾水西岸100多米王里湾村南边的山头，全长2 300多米。可见，当年这一工程是非常宏伟的。

郑国渠

泾河从陕西北部群山中冲出，流至礼泉县进入关中平原。郑国渠充分地利用了关中平原西北高、东南低的地形特点，在礼泉县东北的谷口开始修干渠，使干渠沿北面山脚向东伸展，很自然地把干渠分布在灌溉区最高地带，不仅最大限度地控制灌溉面积，而且形成了全部自流灌溉系统。郑国渠开凿以来，由于泥沙淤积，干渠首部逐渐填高，水流不能入渠，历代以来在谷口地方不断改变河水入渠处，但谷口以下的干渠渠道始终不变。

人类古文明的发源地

古文明的发源地大多是河流，像中国的长江、黄河，印度的印度河、恒河，这些河流因为历史而闻名。7 000 年文明留下来的文明奇迹，星星点点分布在河流两岸。作为一条充满威力的大河，它一直不愿揭露自己的秘密。一直以来，人类努力寻找真相。古埃及人认为尼罗河是天神的礼物，而维多利亚时代的探险家，历经千辛万苦，去寻找尼罗河的源头。河谷和三角洲是古文化的摇篮，也是世界文化的发祥地之一，人民创造了灿烂的文化，在科学发展的历史长河中做出了杰出的贡献。

世界上第一长河——尼罗河

世界第一长河——尼罗河，非洲主河流之父，位于非洲东北部，是一条国际性的河流。尼罗河发源于赤道南部的东非高原上的布隆迪高地，由南向北流经热带雨林气候、热带草原气候、热带沙漠气候、地中海气候区，最终流入地中海。干流全长约6 670千米，是世界流程最长的河流。它流经布隆迪、坦桑尼亚、卢旺达、肯尼亚、乌干达、苏丹、埃塞俄比亚、埃及等国，在流经开罗后注入地中海，全程位于低纬度。自开罗起形成河口三角洲；阿斯旺至开罗段，河谷狭窄，谷底平坦，沿岸分布狭长的河谷平原。

拓展阅读

地中海

地中海被北面的欧洲大陆、南面的非洲大陆和东面的亚洲大陆包围着，是世界最大的陆间海。地中海以亚平宁半岛、西西里岛和突尼斯之间突尼斯海峡为界，分东、西两部分，平均深度1 450米，最深处5 121米。盐度较高。地中海是世界上最古老的海。

尼罗河是由卡盖拉河、白尼罗河、青尼罗河等河流汇流而成。尼罗河最下游分成许多汊河流注入地中海，这些汊河流都流在三角洲平原上。三角洲面积约24 000平方千米，地势平坦，河渠交织，是现代埃及政治、经济、文化中心。尼罗河下游河谷地三

尼罗河

角洲则是人类文明的最早发源地之一，古埃及诞生在此。至今，埃及仍有约 96% 的人口和大部分工农业生产集中在这里。

尼罗河鲈鱼

尼罗河被视为埃及的生命线。尼罗河的灌溉条件及定期泛滥带来的肥沃土壤，使河谷和三角洲的土地极其肥沃，庄稼可以一年三熟。在干旱的沙漠地区两岸形成一条

"绿色走廊"，可种植棉花、小麦、水稻、枣椰等农作物，并形成世界著名的长绒棉产地。尼罗河两岸优美的风光为发展旅游业提供了条件，旅游成为埃及四大经济支柱之一。

埃及流传着"埃及就是尼罗河"，"尼罗河就是埃及的母亲"等谚语。尼罗河确实是埃及人民的生命源泉。她为沿岸

趣味点击　枣椰

枣椰又名海枣、椰枣。常绿乔木，浆果长椭圆形，形状像枣，产于亚洲西南部和非洲北部。果肉味甜，是当地人民的重要食品，可鲜食或做蜜饯；木材供建筑用；树干浸出的汁液可以制糖和酒。

人民积聚了大量的财富，缔造了古埃及文明。

▶ 亚洲第一大河——长江

长江，亚洲第一长河，全长约 6 397 千米。它发源于青藏高原唐古拉山的主峰各拉丹东雪山，是世界第三长河，仅次于尼罗河与亚马孙河。雪峰积存着大量的冰雪，融化的冰水汇集在脚下，形成了长江的正源——沱沱河。沱沱河是长江上游最长的一条河流，从各拉丹东冰川末端至当曲河口，沱沱河全长约 375 千米。长江自沱沱河开始，经青海、西藏、四川、云南、湖北、

长 江

湖南、江西、安徽、江苏和上海10个省、自治区、直辖市，注入东海。长江自楚玛尔河、沱沱河等河汇合成一股后，称为通天河。通天河到达青海省玉树县以后，叫金沙江。在四川宜宾以下，始称长江。长江东流途中，接纳了大约700多条大小支流，其中，岷江、嘉陵江、乌江、沅江、湘江、汉江、赣江等为著名的支流（其中汉江最长）。整个流域面积比黄河流域面积大。

长江流域是中国巨大的粮仓，产粮几乎占全国的一半，其中水稻达总量的70%。此外，还种植许多其他作物，有棉花、小麦、玉米、豆类等。上海、南京、武汉、重庆和成都等人口在百万以上的大城市都分布在长江流域。

长江的污染越来越严重。已经公布的资料显示，1998年全流域废水排放量约113.9亿吨，2001年约138.3亿吨，2005年约184.2亿吨，短短7年的时间，废水排放量增加了70亿吨。长江生态系统也在不断退化，长江物种减少，保护工作紧迫而艰巨。中华鲟、白鲟等数量急剧减少。长江流域天然捕捞产量从20世纪50年代的42.7万吨下降到90年代的10万吨左右。

长江的主要污染状况超出了大多数人的想象：森林覆盖率下降，泥沙含量增加，生态环境急剧恶化；枯水期不断提前；水质恶化，危及城市饮用水；物种受到威胁，珍稀水生物日益灭绝；固体废物严

中华鲟

重污染，威胁水闸与电厂安全；湿地面积缩减，水的天然自洁功能日益丧失。如果这样的发展趋势得不到遏制并任其发展下去，专家们关于长江的危言也许用不了 10 年就会成为现实。

◑ 世界上输沙量最大的河——黄河

黄河，是我国的第二大河，是中华民族的摇篮，流程达 5 464 千米。巴颜喀拉山北麓的约古宗列曲是黄河的正源，源头位于巴颜喀拉山脉的雅拉达泽峰，海拔 4 675 米，在山东省注入渤海。上、中游分界点，内蒙古河口镇；中、下游分界点，河南省旧孟津。黄河的入海口河宽约 1 500 米，较窄处只有 50 米，水深一般约 2.5 米，有的地方深度只有 1.2 ~ 1.3 米。

黄　河

黄河流经青海、四川、甘肃、宁夏、内蒙古、陕西、山西、河南、山东等九省区，沿途汇集了 40 多条主要支流和千万条溪川，形成滚滚洪流，浩浩荡荡奔腾 5 464 千米，在山东省注入渤海。

黄河含沙量居世界各大河之冠。据计算，黄河从中游带下的泥沙每年约 16 亿吨之多，如果把这些泥沙堆成 1 米高、1 米宽的土墙，可以绕地球赤道 27 圈。"一碗水半碗泥"的说法，生动地反映了黄河的这一特点。黄河多泥沙是由于几千年来，许多地区由于滥垦、滥牧、滥伐等恶性开发，引起森林、草原和耕地的严重退化以及水土流失和沙漠化。其流域为暴雨区，而且中游两岸大部分为黄土高原。大面积深厚而疏松的黄土，加之地表植被破坏严重，在暴雨的冲刷下，滔滔洪水挟带着滚滚黄沙泻入黄河。由于河水中泥沙过多，使下游河床因泥沙淤积而不断抬高，有些地方河底已经高出两岸地面，成为

"悬河"。因此，黄河的防汛历来都是国家的重要大事。

奔腾的黄河

黄河下游的水患历来为世人所瞩目。历史上，黄河有"三年两决口，百年一改道"之说。从公元前602年到1938年花园口扒口的2540年中，有记载的决口泛滥年份有543年，决堤次数达1590余次，主河道经历了5次大改道和迁徙。洪灾波及范围北达天津，南抵江淮，包括冀、鲁、豫、皖、苏五省的黄淮海平原，纵横约25万平方千米。

经过科学家们的多次勘察，反复研究，揭示了黄河河道改变的内在机理。原来，黄河从江苏入海改为从山东独流入海后，不再影响淮河和海河两大水系的水文变化。但对于黄河这样一条多泥沙的河流来说，下游局限于一个较窄的范围内流动，河床高悬于大平原之上；加上处于气候、水文长期波动变化最显著的中纬地带；黄河中、上游又流经土壤裸露、疏松的黄土高原产沙区，一旦出现大暴雨和特大暴雨，便形成高含沙量洪水。当到达黄河下游时又因下游河道受海平面和大平原地势控制及河口延伸的影响，地势很平，输沙能力明显小于中、上游来沙量，河床淤积比平常漫流时期迅速。同时因黄河下游长期形成上宽下窄的河道格局，黄河受山东丘陵山地阻挡出现的河道大弯曲呈宽窄过渡河段。突然到来的多泥沙特大洪水往往在此形成河道堵塞，河堤漫决，河流由此寻找新的低地形成河道。由此可见，中道淤积，河道高悬，河堤管理不善，洪峰通过能力不足是形成黄河改道的原因。

新中国成立以来，国家在改造黄河方面投入了大量人力、物力，黄河两岸的水害逐渐减少，昔日的黄泛区变成了当地人民的美好家园。

◆ 世界古文化发祥地之一——印度河

印度河长 2 900～3 200 千米，流域面积约 117 万平方千米。发源于中国青藏高原的冈底斯山冈仁波齐峰北坡的狮泉河，流经克什米尔、巴基斯坦，注入阿拉伯海。在地貌上属先成河，主要支流有萨特累季河、奇纳布河、杰卢姆河、喀布尔河等。河流靠融雪水和季风雨补给。河流上游穿山过峡，水深湍急；进入平原，河面展宽，水流缓慢。中、下游出现许多分流，有的分流在旱季时干涸，有的分流在雨季时宽达 20 余千米。河流泥沙含量多，中、下游河床有的地方高出地面，河道不固定。原是重要航道，铁路修建后，只在下游干流通航小汽船。大部分流经半干旱区，是两岸农田的重要水源。早在 19 世纪中叶就建有规模庞大的灌溉工程。目前，巴基斯坦在河流的干、支流上建有拦河坝 2 座，水渠 8 条和大量机井，利用河水及地下水发展农业。印度河流域发现的公元前 2500 年前的人类文化遗址，是世界古代文化的发祥地之一。

◆ 人类文明的摇篮之一——两河流域

底格里斯河流域与幼发拉底河流域统称两河流域，是古代文明发祥地之一。

幼发拉底河是西亚最长、最重要的河流，全长约 2 750 千米。它发源于土耳其东部亚美尼亚高原，流经美索不达米亚平原，在离河口约 190 千米处，与底格里斯河汇合，称阿拉伯河，注入波斯湾。幼发拉底河以春季融化雪水和高原上春季降雨，以及大西洋气旋带来的冬季降雨为水源，缺乏支流，河水来源甚少。由于河水携带大量悬浮物质，在下游河段逐渐沉积下来，于是在波斯湾北部沿岸低地，冲积成美索不达米亚平原，今日这种沉积作用仍在继续进行。

幼发拉底河和底格里斯河曾使古代巴比伦王国和阿拉伯帝国盛极一时，为人类文明做出了杰出的贡献。

第二次世界大战后，该地区为争夺土地和石油资源多次大动干戈，发生流血战争。而现在有人认为，为争夺水资源则可能酿成新的冲突。

近几十年来，随着中东地区总人口的成倍增长和各国工农业的发展，该地区对水的需求量急剧增加，水资源日益严重不足。

叙利亚用水的 90% 来自幼发拉底河，而该河在伊拉克境内则约占总长的 46%，是美索不达米亚平原重要的灌溉水源。叙利亚在幼发拉底河的中游建有塔夫拉水坝，还建有 11 个水电站，全国 60% 以上的电能依赖幼发拉底河的河水发电。

土耳其东南部由于自然条件和历史原因，成为土耳其最落后的地区，政府为了从根本上改变这一地区的贫困面貌，在 20 多年前制订了"安纳托利亚东部工程"计划，准备耗资 560 亿美元，在幼发拉底河和底格里斯河的河源地带修建 22 座水坝，17 座水力发电站，用于灌溉和发电。其工程的中心项目是阿塔图尔克水库，1981 年开始动工，于 90 年代初竣工。1990 年 1 月，土耳其为了蓄水，对幼发拉底河采取了长达 27 天的截流措施，使幼发拉底河的流量减少了 90%。土耳其的这一行动，立即引起了叙利亚和伊拉克的强烈不满和抗议。

底格里斯河是西亚名河，也是西亚水量最大的河流，位于幼发拉底河的东面。源自土耳其安纳托利亚高原东南部的东托罗斯山南麓，向东南流，经过土耳其东南部城市迪亚巴克尔后，与叙利亚形成约 32 千米界河，之后便直接流入伊拉克，此后基本沿扎格罗斯山脉西南侧山麓流动，此后沿左岸接纳了来自山地的众多支流，直抵首都巴格达。自巴格达以下，两岸湖泊成群，沼泽密布，于古尔奈与幼发拉底河汇合，改称阿拉伯河，注入波斯湾。自河源至古尔奈，河长 1 950 千米，流域面积 37.5 万平方千米，年径流量近 400 亿立方米。河水主要靠高山融雪和上游春雨补给。因沿山麓流动，沿途支流流程短、汇水快，常使河水暴涨，洪水泛滥，形成沿岸广阔肥沃的冲积平原，是伊拉克重要的灌溉农业区。沿河建有各种水利工程，其中巴迪塔塔水库最有名。

现代文明的摇篮

当人类现代文明在东方初露端倪之时，欧洲还在沉睡之中，一场波澜壮阔的亚欧民族大迁徙成就了文明火炬的传播与交递。河流承载千万人的繁衍生息，串联起多个国家的多彩文化。他们被誉为世界"最文化"的河流，是大迁徙的重要舞台，多种文明在这里交融、繁衍、发展，成就了众多美丽的传说。

世界上航运最发达的水系——密西西比河

密西西比河全长约 6 020 千米，仅次于非洲的尼罗河，南美的亚马孙河和我国的长江，为世界第四长河。密西西比河水量十分丰富，河口年平均径流量为每秒 19 000 立方米，全年注入墨西哥湾的水量达 593 亿立方米。

密西西比河之所以叫"百川之父"，是因为它是北美洲流程最长、流域面积最大、水量最丰富的河流。密西西比河干流发源于苏必利尔湖西面、劳伦高地南侧的明尼苏达州境内的伊塔斯喀湖。从这里向南，蜿蜒曲折，逶迤千里。在圣路易斯城与密苏里河汇流后，继续南流，纵贯美国中部平原，于新奥尔良附近分四路注入墨西哥湾，全长 3 500 多千米。在密西西比河的众多支流中，发源于落基山东坡的密苏里河应该是它的正源。密西西比河汇聚了发源于落基山东坡、阿巴拉契亚山西坡和北部冰碛区南侧的大大小小 500 多条河流，其中较大的

密西西比河

支流有阿肯色河、德雷河、俄亥俄河、田纳西河以及伊利诺斯河等。西岸支流比东岸多而长，形成巨大的不对称的树枝状水系。整个水系流经美国 31 个州和加拿大 2 个州，流域面积 322 万平方千米，占美国国土总面积的 34% 以上。

密西西比河水系东西两侧各支流流经的地区气候不同，降水量差异很大，因而水文特征也各不相同。东岸的支流流程短，流域面积小，但水量大，水位的季节变化小。如俄亥俄河，全长仅 1 580 千米，流域面积 52 万多平方千米，但水量很大，年平均流量每秒 7 500 立方米。西岸的支流流程长，流域面积大，而水量小，水位的季节变化大。如密苏里河，在长度和流域面积上，

都是俄亥俄河的 2.6 倍多，但其水量却只有俄亥俄河的 1/4，只占密西西比河水量的 20%。西岸河流因流经质地疏松的黄土区，每逢暴雨，水土流失严重，使密西西比河含沙量较大，每年输入墨西哥湾的泥沙达 21 100 多万立方米。由于东、西支流含沙量的差异，每到洪水季节，东西两侧泾渭分明。

密西西比河水系上、中、下游流经的地形不同，因此各段的河岸地貌和水文特征也不同。密苏里河上游，流经疏松的黄土地带，落差大，水流急，河床下切显著，形成许多风光秀丽的峡谷和激流瀑布。密西西比河上源的伊利诺斯河，水流平缓，河流沿线湖泊星罗棋布；密西西比河的中、下游河段，由于流经广大的平原地区，河流比降很小，河道迂回曲折，水流平缓，泥沙大量沉积，形成宽广的河漫滩；

你知道吗

降水量

降水量是衡量一个地区降水多少的数据。空气柱里含有水汽总数量也称为可降水量。它对应于空气中的水分全部凝结成雨、雪降落所能形成的降水量。降水量是指从天空降落到地面上的液态和固态（经融化后）降水，没有经过蒸发、渗透和流失而在水平面上积聚的深度。它的单位是毫米。

在河口处，形成东西宽 360 多千米、面积达 37 000 多平方千米的三角洲。由于大量泥沙的沉积作用，在三角洲的南端形成长条状的沙嘴，长 30 多千米，延伸到墨西哥湾中，在其末端又分成 6 股汊流，形如鸟爪，因而有"鸟足三角洲"之称。近年来，随着新的沉积，三角洲不断扩大，鸟足三角洲已不大明显。现在，三角洲仍以每年平均 100 米的速度向海湾延伸。

密西西比河流域的地质和自然地理基本上就是北美洲内陆低地和大平原的地质和自然地理。其边缘达到落基山脉和阿巴拉契亚山脉，北面触及加拿大（劳伦琴）地盾。

密西西比河流域是美国农牧业最发达的地区。

密西西比河有极大的航运价值，自从美国开始开发以来，一直是重要的南北航运大动脉。密西西比河除干流以外，还有 40 多条支流可以通航，干支流总通航里程达 29 000 多千米，是世界上内河航运最发达的水系。河流沿岸形成许多货物集散中心，如圣路易斯城，就是美国最大的内河航运中心和铁路枢纽。圣路易斯港，在长达 110 多千米的河港岸线上，修建了 80 多座现代化码头，年吞吐量可达 2 200 多万吨。由于圣路易斯城有便利的交通和广阔的经济腹地，附近又有丰富的煤、铁资源，现在已形成美国北方的工业区，是重要的工业中心之一。圣路易斯城是美国第二汽车城，是美国最大的飞机制造公司——麦克唐纳 - 道格拉斯总部所在地，又是美国中部最大的铁路枢纽城市之一。孟菲斯是密西西比平原上最大的农畜产品集散地，现在该城有农业机械、制药以及农产品加工工业等。下游三角洲上的新奥尔良是美国最大的贸易港之一，它承担着来自世界各地的物资中转任务。每天，新奥尔良港有 70 多艘船只进出，每个港区都设有现代化的指挥中心和装卸设备。新奥尔良还是美国南部著名的旅游城，城中的名胜古迹和亚热带公园以及遗留下来的法国文化等，吸引着国内外的众多旅游者。

在密西西比河流域，还兴修了许多运河，与五大湖及其他水系相连，形成一个很大的内河航运网。承担着全国 1/2 的内陆水运货物的周转量。从密西西比河的圣路易斯城，北经伊利诺斯运河通往五大湖，再经圣劳伦斯河东达大西洋。南出河口通往墨西哥湾，几乎可以驶遍大半个美国。因此，人们又将密西西比河称为"内河交通的大动脉"。在下游的新奥尔良，经过 1 800 多千米的水道，向东可达佛罗里达半岛的南端，向西可达墨西哥边境。

密西西比河不仅航运发达，而且有丰富的水能，其蕴藏量可达 2 600 多万千瓦。目前，东岸支流水力开发比较普遍。如俄亥俄河及其支流，其中以田纳西河水电站最为著名。

密西西比河及其洪泛平原哺育着 400 多种不同的野生动物资源，北美地区 40% 的水禽都沿着密西西比河的路径迁徙。密西西比的沼泽和回水区在生态学上很值得注意。从明尼苏达的沼泽开始到三角洲地带的海岸沼泽，动植物繁盛的小片地区在河流沿线屡见不鲜。在这些地区，繁茂的自然植被、相对独立的自然环境为水禽提供了良好的栖居地。这些鸟随季节沿河上下迁徙的路径，被人们称为"密西西比飞行之路"。用这个名词来称呼这条广漠的从河口三角洲直到加拿大北部夏季营巢地的空中高速公路，可谓最为确切不过。据估计，总数达 800 万只的鸭、鹅和天鹅冬天集聚在飞行之路的下游部分，还有更多的其他鸟经由这条路飞向拉丁美洲。飞行之路上最为典型的候鸟有黑额黑雁和小雪雁，大量的绿头鸭和水鸭，还有黑鸭、赤颈鸭、针尾鸭、环颈鸭以及蹼鸡。

除了迁徙的水禽，河里还有许多种类的鱼，其中最重要的鱼有几种鲟鱼（在中下游地区的几种鲟鱼可以长得相当大，可对其作商业捕捞），有鼓眼鱼和亚口鱼（上游盛产这些鱼，它们为明尼苏达和威斯康星州的垂钓运动提供了基础），还有鲤鱼和欧洲腭针鱼。

◆ 令人依恋的国际河——多瑙河

多瑙河是欧洲的一条美丽的大河，也是世界上著名的河流。由于它的秀丽多姿，人们给它取了不少动听的名字，如"蓝色的多瑙河"、"明镜的多瑙河"。这些美丽的名称，表达了人们对它的无限爱慕和依恋。

多瑙河发源于德国西南部黑林山的东坡，向东流经德国、奥地利、斯洛伐克、匈牙利、塞尔维亚、罗马尼亚、乌克兰等国家，最后在罗马尼亚的苏利纳港附近，平缓地流入黑海。全长约 2 850 千米，流域面积约 81.7 万平方千米，平均每年入海水量可达2 030亿立方米。

多瑙河的著名，并不是由于它的长度，因为在世界上比它长的河流至少还有 20 条。它的长度只及我国长江的 1/2，比我国的雅鲁藏布江还要短些。但是，它却是世界上流经国家最多的一条重要的国际河流，又是东南欧国家的一条生命线。而且，它所带有的诗一般的音乐文化气息，是世界上其他任何河流都无法与之相媲美的。

多瑙河是一条奇怪的河流。从黑林山发源地到苏利纳港入海处，距离不过 1 700 千米，但是它却多走了 1 100 多千米，这是为什么呢？原因是它不断地改变流向，迂回曲折。它从发源地开始向东流，然后转向南方，渐渐地又折向东南，快到终点时又向北冲去，最后几乎成直角东流入海。

从源头到奥地利的维也纳一段为上游，长约 970 千米。河流沿巴伐利亚高原的北部边缘自西向东流，经阿尔卑斯山脉北坡和捷克高原之间的丘陵山地到达维也纳盆地。这是一段典型的山地河流，河谷狭窄，河床是坚硬的岩石。汹涌的河水把高原和山地切割成一条很深的峡谷，两岸陡峭如壁。河床坡度大而且多浅滩和急流。上游支流很多，但干流的水文状况主要取决于来自阿尔卑斯山脉的几条较大的支流，如伊扎尔河、因河等。它们都以冰川融水为主要补给来源，每年6~7月份水量最大，到了冬季2月份水量最小。一般具有这种水量变化的河流，被称为阿尔卑斯型河流。

你知道吗

石灰岩

石灰岩简称灰岩，以方解石为主要成分的碳酸盐岩，有时含有白云石、黏土矿物和碎屑矿物。有灰、灰白、灰黑、黄、浅红、褐红等色，硬度一般不大，与稀盐酸反应剧烈。

多瑙河上游的某些河段，几乎每年夏天都要断流。河水断流是由于河水通过深深的地表裂隙，流入地下洞穴，成为地下伏流的缘故。伏流从下游的另一个地方又会露出地面。这种情况在我国也有，特别是广西和云贵高原一带，因为这些地方多属石灰岩地层。这种原因就使多瑙河具有很多奇特的现象。有的地方干涸无水，有的地方却又水深超过50米。在峡谷间，它的水面非常狭窄，不过百米，但有些地方河面却宽达3 000米。这在别的河流是罕见的。

从维也纳至铁门为中游，长约970千米。流经奥地利境内的多瑙河，景色如画一般的美丽。河流的左岸几乎是遍覆森林的山脉，而右岸又是另外一番景色，阿尔卑斯山向北逐渐形成为丘陵性的平原。维也纳盆地一片平野的景色，就在这里扩展开来。从古罗马时代起，这里就开始种植葡萄，酿造葡萄酒，有"葡萄酒之乡"的称号。奥地利的首都维也纳，就在这山林脚下山脉与河流交接的地方。维也纳是世界著名的"音乐之都"，已有2 000多年的历史，许多著名的音乐大师如海顿、莫扎特、贝多芬、舒伯特、斯特劳斯等都诞生或长期停留在这里进行音乐活动，为维也纳生色增辉至今。

匈牙利的首都布达佩斯，是多瑙河上最大的城市，也是沿岸最古老最美丽的城市之一。布达和佩斯本来是两座城市，它们像姐妹一样并立在河的两岸。右岸是山峦起伏的布达，左岸是平坦的佩斯。多瑙河在这里宽约700米，有8座大桥横跨在河上，把两座城市连接在一起。布达比佩斯古老，2 000多年前，罗马人就曾在这里建筑过聚落。直到今天，那里还有一座古罗马剧院的遗址。1872 年，布达和佩斯才合并到一起，定名为布达佩斯。

多瑙河中游因接纳了德拉瓦河、蒂萨河、萨瓦尔河和摩拉瓦河等支流，水量大增。春天，由于积雪融化，水位达到最高，并一直延续到夏季；夏末秋初，由于蒸发强烈，河水明显下降；秋季，由于蒸发减弱和雨水补给增多，水位再次上升；冬季，有的年份发生封冻，但封冻的时间不长。

铁门以下为多瑙河的下游。这一段河流横切喀尔巴阡山脉，形成了长达120 千米的卡桑峡和铁门峡。这两个峡谷是多瑙河最难航行的河段，但水力资源却十分丰富。罗马尼亚、前南斯拉夫两国在铁门修建了铁门水电站。

多瑙河在铁门以下流经多瑙河下游平原，河谷宽阔，接近河口时河谷扩展到 15 ~ 20 千米，有的地段达 28 千米。下游河道虽没有中游那样弯曲，但河汊众多。在流入罗马尼亚境内后，水流速度明显减缓，愈接近黑海流得愈慢。在土耳其附近，多瑙河分成 3 条支流流入黑海，河道回曲环转，形成一个水网地带，这就是美丽富饶的多瑙河三角洲。

多瑙河三角洲面积为 4 300 多平方千米。早在 6 万年以前，这一地区还是碧波万顷的海湾。由于多瑙河每年挟带大量泥沙，年复一年在这里堆积，形成了河口三角洲。

多瑙河三角洲不同于其他河流的三角洲，由于地势低洼，4/5 的面积都是水草沼泽地带。在这片广阔的水草沼泽地上，生长着密密丛丛的芦苇，这里是世界上最大的芦苇产地之一，是真正的"芦苇之乡"。芦苇是三角洲最大的一笔财富，分布面积占三角洲总面积的 1/4 以上，约 17 万公顷，年产量达300 万吨以上，占世界芦苇总产量的 1/3。高达 3 米的芦苇丛布满三角洲的水面，长长的苇根深布地下，交织成 1 米多深的苇根层。芦苇全身是宝，若将三角洲的芦苇充分利用，罗马尼亚每人每年可获得约 30 千克的人造纤维和 10千克以上的纸。所以，芦苇被罗马尼亚人民亲切地称为"沙沙作响的黄金"。

多瑙河三角洲还被称为鸟类的"天堂"，鱼儿的世界。这里是欧、亚、非三大洲的候鸟会合地，也是欧洲唯一出产塘鹅和朱鹭等稀有鸟类的地方。在芦苇的保护下，300 多种鸟类自由自在地生活着。中国白鹭、鸬鹚，西伯利亚猫头鹰、蒙古冠鹅、白颈鹅等，每年都要到这里聚会，形成热闹非凡的壮丽景象。密如蛛网的河流湖泊，也是鱼儿的乐园。三角洲常见的鱼有 50 多种，其中有名贵的鲱鱼、大白鲟等。

> ### 知识小链接
>
> #### 芦苇
>
> 芦苇，多年水生或湿生的高大禾草，生长在灌溉沟渠旁、河堤沼泽地等，世界各地均有生长。芦叶、芦花、芦茎、芦根、芦笋均可入药。

现在，由于多瑙河沿岸地区工业的迅速发展，河水也受到了污染。碧蓝的河水已不复存在，蓝色的多瑙河已成为过去。为此，多瑙河沿岸各国已经开始注意环境和生态的保护，愿多瑙河能早日恢复它那往日的"蓝色"。

▶ 世界上最繁忙的内河航道——莱茵河

翻开欧洲地图，莱茵河就像一条蓝色的大动脉，横贯中西欧辽阔的大地。它全长约 1 232 千米，流域面积约 22 万平方千米，是欧洲重要的国际河流，也是世界上货运最繁忙的内河航道。

莱茵河发源于瑞士阿尔卑斯山圣哥达峰下，流经瑞士、列支敦士登、奥地利、德国、法国、荷兰等 6 国，于鹿特丹港附近注入北海。从涓涓细流发端，莱茵河曲曲弯弯，逶迤向西北，先流入德国、奥地利、瑞士交界的博登湖，继而折向西，在瑞士境内的沙夫豪森附近，形成落差达 24 米闻名遐迩的莱茵瀑布。每到夏季，这里水流湍急，雾气腾腾，蔚为壮观。莱茵河在瑞士的巴塞尔市流出瑞法边界，进入德国境内，奔腾数百千米后，便抵达德国名城美茵茨市，由此莱茵河进入中段。从美茵茨至科隆，这段长约 180 千米的河道，迂回曲折，两岸峰峦起伏，名胜令人目不暇接，古迹使人流连忘返，德国历史和文学上许许多多优美动人的故事、传奇，都是从这里随着莱茵河水缓缓流向世界。这段河流有一个广为盛传的美妙名字，即"浪漫莱茵河"。

莱茵河沿岸，每一处景点都有它引以为豪的东西：或历史久远；或风光绮丽；或盛产美酒；或为重要码头……游人在这里可以领略到阿斯曼豪森猎堡的雄浑、巴哈拉赫小城的古朴、普法尔茨河心堡的奇特……

在德国的美茵茨，有一座突兀河口的米黄色的奇特塔楼，这就是赫赫有名的"鼠塔"。传说昔日美茵茨市曾生活着一名叫哈托的主教，此人富有但生性吝啬、歹毒。有一年闹饥荒，他家囤万担

莱茵河

粮却舍不得拿出半点来救济将要饿死的百姓，结果天怨人怒，最后他就在鼠塔中被老鼠活活地咬死了。如今，鼠去楼空，但塔楼却年复一年、日复一日地为过往船只指引航向。在鼠塔对岸的山顶上，有一座高大醒目的巨型纪念碑。此碑是为纪念那些争取民族自由、独立的英雄而修建的。

电力

　　电力是以电能作为动力的能源，发明于19世纪70年代。电力的发明和应用掀起了第二次工业革命，成为人类历史18世纪以来，世界发生的三次科技革命之一，从此科技改变了人们的生活。20世纪出现的大规模电力系统是人类工程科学史上最重要的成就之一，是由发电、输电、变电、配电和用电等环节组成的电力生产与消费系统。它将自然界的一次能源通过发电动力装置转化成电力，再经输电、变电和配电将电力供应到各用户。

莱茵河上的"洛累莱"天险是最具传奇色彩的地方。莱茵河到这里宽仅120米，水深却达27米，弯大山高，过往船只到这里忽似前去无路，大有一峰塞道，万舟难行的感觉。因浪急水深，使许多过往船只葬身河腹。过天险后，山回水转，河道又豁然开阔了。大名鼎鼎的女妖岩，伫立岸边，无言地观望着过往如织的大小船只。

莱茵河地处北纬45°～55°，受大西洋的影响，流域内大部分地方属于温带海洋性气候，年降

水量在 700~1 000 毫米，并且季节分配均匀。水量丰富而稳定，支流众多，为航运提供了十分有利的条件。在 1 360 千米的河道上，普通海轮可自河口上行到德国的科隆，5 000 吨重的驳船可行至中游的曼海茵，3 000吨重的驳船队可驶达瑞士北部的巴塞尔。纵贯欧洲的大水道"莱茵－美茵－多瑙运河"建成后，莱茵河的航运更加发达。

莱茵河流域经济发达。河右岸的鲁尔区，是德国最重要的工业基地；沿岸的巴塞尔、斯特拉斯堡分别是瑞士、法国的工业中心；鹿特丹是荷兰的工业中心。在这里，集中了钢铁、采煤、机械、化学等多种工业部门，而工业所需的大量的货物运输，大部分由莱茵河来承担。

莱茵河流经 6 国，其中瑞士、列支敦士登、奥地利 3 国都是内陆国，莱茵河对它们的重要性自不待言。就是另外的 3 个临海国，对莱茵河的依赖性也是很大的。法国腹地较深，东部沿河地区的货物可以通过莱茵河及与塞纳河相通的运河运到西部地区。德国国土南北狭长，南货北运，莱茵河发挥了很大作用。至于位于下游的荷兰，更是得天独厚，享尽实惠。

巴黎的灵魂——塞纳河

塞纳河从法国北部朗格勒高原出发，向西北方向，弯弯曲曲，流经巴黎，在勒哈佛尔港附近注入英吉利海峡，全程约 780 千米，是法国四大河流中最短的一条，但是名气却最大。

塞纳河

由巴黎往东南方向行驶，就到了塞纳河河源。在一片海拔 470 多米的石灰岩丘陵地的一个狭窄山谷里，有一条小溪，沿溪而上，有一个山洞，洞高 120 米，是人工修筑的，门前设有栅栏。洞内有一尊女神雕像，她白衣素裹，半躺半卧，手里捧着一个水瓶，嘴角挂着微笑，神色安详，姿态优美，小溪就是从这位女神的背后悄悄地流出来。当地的高卢人传说，这女神名叫塞纳，是一位降水女神。塞纳河就以她的名字命名。

塞纳河上游地区，地势较为平坦、水流平缓，有"安详的姑娘"的美称。

塞纳河从东南进入巴黎，经过市中心，再由西南出城。塞纳河上的西岱岛，是法兰西民族的发祥地。

为了保证旅游发展，塞纳河上还有废物清理船，在万籁俱寂时，它伸开巨大的臂膀，将水面上的废物污垢，一扫而光，清洁了环境，净化了空气，使塞纳河永葆青春和姿色。

塞纳河流域是法国的重要经济区之一。这一经济区的特点是扬长避短，尊重传统，因地制宜，多种经营，种植业、采矿业和加工业都得到了发展。

塞纳河流过巴黎地区，就进入上诺曼底地区。这时，河谷逐渐变得宽广，马恩河在巴黎从东注入塞纳河，使水量更加丰富。两侧山坡更加开阔平缓，由于接近海洋，雨量充足，气候湿润，加上土质肥沃，是发展畜牧业的好地方。沿河两岸，牧场广布，牛群随处可见。

塞纳河自古就是水上交通运输的要道。从巴黎开始，特

拓展阅读

采矿业

采矿业指对固体（如煤和矿物）、液体（如原油）或气体（如天然气）等自然产生的矿物的采掘。包括地下或地上采掘、矿井的运行，以及一般在矿址或矿址附近从事的旨在加工原材料的所有辅助性工作，例如碾磨、选矿和处理，均属本类活动。还包括使原料得以销售所需的准备工作。但不包括水的蓄积、净化和分配，以及地质勘察、建筑工程活动。

别是从上诺曼底塞纳河上的鲁昂港开始，可以看到塞纳河上船来船往，一片繁忙的运输景象。塞纳河流过上诺曼底进入下诺曼底不远，就在勒哈佛尔附近注入英吉利海峡。法国历史上不少著名的航海家，都是从这里启程，远航到非洲、美洲。塞纳河沿岸的港口众多，经过疏浚后的塞纳河，目前已能通

行万吨级轮船，成为法国最重要的航道之一。

欧洲重要航运线——第聂伯河

第聂伯河是欧洲的第三大河。它源出俄罗斯瓦尔代丘陵南麓，流经白俄罗斯东部及乌克兰中部，注入黑海第聂伯湾。全长约 2 200 千米，流域面积约为 50.4 万平方千米。基辅以上为上游，流经森林地带。基辅至扎波罗热为中游，流经森林草原和草原地带。扎波罗热以下为下游，流经黑海沿岸低地草原地带。主要径流形成于上游，以融雪水补给为主。春汛流量较大，夏季平水位，秋季有洪水，冬季封冻。干流及其支流为白俄罗斯和乌克兰主要航运线。

第聂伯河

在扎波罗热建的水电站是欧洲最大的水电站之一。第二次世界大战中被德国人破坏，1947 年重建。其他水库和水电站还有基辅、克列缅丘格等。普里皮亚季河以下可通行现代化大型船舶，主要货物是煤、矿石、木材和粮食等。

"汹涌激荡"的河流——怒江

怒江，又名潞江。它发源于青藏高原的唐古拉山南麓，穿行在云南省西部的横断山脉之中，与澜沧江平行南下，流至缅甸，称为萨尔温江，最后注入印度洋的安达曼海。

怒江两岸高山雄峙，河谷中树木荫翳，浓绿蔽天，把澄碧的江水染成墨绿色，藏族同胞便叫它"那曲"，意思就是"黑水"。怒江一泻千里，谷底激流翻腾，蕴藏着巨大的水力资源。

怒江在我国境内长约 2 013 千米。从滇藏交界处起，至怒江傈僳族自治州府所在地六库，长达 300 多千米江段，是驰名中外的"怒江大峡谷"。峡谷东面的碧罗雪山，西面的高黎贡山，俨如两位盔冰甲雪的巨人。

从古代起，怒江两岸的傈僳族、怒族等兄弟民族便在怒江两岸架起了溜索桥，飞渡天险。溜索桥一般架设在江面较窄的地段，一端固定在岸边地势较高的树桩上，另一端联结在对岸较低处的树根上。溜索上有溜板，由一个带钩的滑轮，和上面挂着两根结实的棕绳组成。过溜时将绳索分别兜在腰和大腿上，身体成坐状，然后借助滑轮，从溜索的高端滑向对岸。为了便于往返，溜桥一般都架设两根溜索，一根用于过去，一根从对岸高处溜回来。汉朝第二条丝绸之路的商旅货物，都是依靠溜索而通过怒江天险的。傈僳族有句名言："不会过溜的人，算不得傈僳族汉子。"旧式的竹篾溜索，每隔两三年就得更换。由于溜索磨断或溜板断裂，不知有多少人葬身万丈深壑。新中国成立后，竹篾溜索和木溜板换成了钢索和铁滑轮，保证了过溜的安全。如今，怒江傈僳族自治州已修成公路 600 多千米，沿江架设了 4 座公路桥，16 座人马桥和 6 座钢索桥，真称得上是"峡谷飞彩虹，天堑变通途"。

知识小链接

滑 轮

由可绕中心轴转动有沟槽的圆盘和跨过圆盘的柔索（绳、胶带、钢索、链条等）所组成的可以绕着中心轴转动的简单机械叫滑轮。

怒江河谷"一天分四季，十里不同天"。两岸的高山上六月飞雪，玉屑琼泥，凛冽万古。谷地深处则是"万紫千红花不谢，芳草不识秋与冬"。河滩上的双季稻随风摇曳，坡地里的甘蔗林飘着清香。火焰般的攀枝花和彩霞争艳，翠绿的凤尾竹将村寨拥抱。因此，有人曾把怒江河谷比作第二个西双版纳，是别在祖国西南边陲的又一支玉簪。在海拔 2 000 米以上，景色大为改观，为针阔混交林带。到海拔 3 000 米，生长着魁伟的云南松和英武的台湾云杉。海拔 3 000 米以上，冷杉、雪松、云杉砌起一道封锁严寒的绿色长城。海拔

4 000米以上，草甸抖开绣花碧裳，覆盖着山洼，怒江河谷呈现出一幅层次丰富、色彩浓艳的美丽图画。

怒江河谷最令人倾心的是花，全世界的杜鹃花约有800余种，在这里竟达400余种之多。山茶花的种类也不少，如玉兰、龙胆、报春、百合、垂头菊等，数不胜数。这里生长着众多名贵的药材，如贝母、金耳、黄连、木香、当归、党参、乌头等，怒江河谷不愧是花的世界，药的宝库。在怒江河谷这座森林公园里，还活跃着许多种热带、亚热带的动物。如今，这里已划出两个自然保护区来保护自然垂直景观带和各种珍贵稀有的野生动植物。美丽富饶的怒江河谷，将成为保护动植物的天然宝库。

水力资源丰富的河流——哥伦比亚河

哥伦比亚河是北美洲西部大河之一，源于加拿大落基山脉西坡的哥伦比亚湖。向西南流经美国西北部半干旱区，切穿喀斯喀特山脉，在阿斯托里亚注入太平洋。全长约2 044千米，流域面积41.5万平方千米。主要支流包括库特内河、庞多雷河、奥卡诺根河、

趣味点击　鲑鱼

鲑鱼又称三文鱼，是深海鱼类的一种，也是一种非常有名的溯河洄游鱼类。它在淡水江河上游的溪河中产卵，产后再回到海洋。常用来食用，具有很高的营养价值和食疗作用。

斯内克河、亚克莫河、考利茨河及威拉米特河。哥伦比亚河以融雪补给为主，部分靠冬季降水。河流水量大，河口年平均流量约7 860立方米/秒。水位季节变化小。河流大部分流经深谷，河床比降大，多急流瀑布，总落差约820米，水力资源储量达4 000~5 000万千瓦，是世界水力资源最丰富的河流之一。干支流建有多座大小水坝，用于灌溉和发电。大古力水电站是美国规模最大的水电站。哥伦比亚河泥沙含量小，是流域内重要的工农业水源。河流下游盛产鲑鱼。流域内的河流、湖泊和水库辟有划船、钓鱼等游乐设施。

🐦 西非的生命之河——尼日尔河

　　尼日尔河是西部非洲最大的河流，也是非洲的第三大河。它发源于几内亚境内的富塔贾隆高原东南坡，先向北流，在北纬180°处折而向东，成为向北突出的大弧形，后又转向东南，最后注入几内亚湾。干流流经几内亚、马里、尼日尔、尼日利亚等国，全长约4 160千米，流域面积约190万平方千米。

　　尼日尔河河源地区方圆约有4 770公顷，与塞拉利昂接壤，距大西洋海岸约241千米。这里属于丘陵平原地区，溪涧众多，河道深切。两岸丛林茂密。河源地区森林草地保护很好，水土流失少，河道水流澄清碧绿，含沙量小。

　　尼日尔河素以温顺、宁静著称，整个流域地势平缓，落差小，流速慢。据记载，河水从源地流到入海口，需时竟长达9个月。尽管如此，由于受到地壳运动、气候变迁以及河流本身的侵蚀和冲积作用的影响，尼日尔河的上、中、下游的河道宽窄、流量、流速，还是有很大的差别。

拓展阅读

地壳运动

　　地壳运动是由于地球内部原因引起的组成地球物质的机械运动。它可以引起岩石圈的演变，促使大陆、洋底的增生和消亡，并形成海沟和山脉，同时还导致发生地震、火山爆发等。

　　在它的上游，从发源地到马里首都巴马科一段，可以说基本上是平缓的，但从巴马科以下到凸向最北端的托萨耶滩，多为丘陵湖泊，河道中不乏险滩和沙洲，流速时缓时急，它最初注入马西纳湖，形成内陆三角洲。从托萨耶再向下流，河道中出现累累石滩，穿过河塔科腊山段，河道陡然变窄，形成峡谷，水流则扬波鼓浪，汹涌澎湃。往下，河道两岸尽是悬崖峭壁，成"U"区。冲过布崩山陵地带，河道中接连出现辛德尔群岛和库尔太群岛，河形大变，到尼日尔首都尼亚美

尼日尔河

附近，地势低洼，河水便漫无边际，好像一个个相连的湖泊，根本不像什么河流了。由此向下的河道，地理学家称之为"谷道"，它形成了尼日尔和贝宁的天然分界线。

在尼日利亚境内，尼日尔河河道受北高南低的地形影响，总的说来呈现顺流而下之势。尤其到科洛贾地区，它与最大支流贝努埃河汇合后，水势更猛，流速更快，只是到了离海岸约160多千米处，与当地无数细小河流混合交错，形成河网密布、沼泽遍地的下游入海口三角洲。其水势被分散，其流速被削弱，又变成汩汩而流的宁静状态。

尼日尔河各段的流量，因受地形和降雨量的直接影响而大不相同。如法腊纳地区流域面积约3 180平方千米，河长约145千米，最大流量每秒376立方米，而到了几内亚与马里毗邻的锡吉里地区，流域面积扩大为7万平方千米，河长约557千米，最大流量为每秒6 870立方米，最小流量为每秒35立方米，平均流量每秒1 150立方米。

尼日尔境内的河道大多处于干旱地带，全年降雨量不过600毫米，而蒸发量高达2 000～3 000毫米，因此，尼日尔河系的时令性更为明显，大部分河流为季节性河流，有些河流只不过是地图上的符号而已。

基于同样缘由，在尼日利亚北部河水流量较小，而接近入海口三角洲地区，流量大而分散，每逢旱季，河道里沙洲片片，人们卷起裤管就可以涉水而过。

尼日尔河流域大部分地区是干旱和半干旱地区，经常受到干旱和风沙的威胁，特别是撒哈拉沙漠正以相当惊人的速度向南推移，就更令人忐忑不安。西非历史上有无数次大规模干旱的记载：那时，河道干涸，湖泊枯竭，空中迷漫着浓重的干雾，吹拂着烫热的风，地面上蒙着一层厚厚的尘埃，干旱扫光一切植物，驱走了飞鸟和走兽，使植被覆盖率本来不高的大地寸草不生，热带稀树草原化为赤地千里。

为了改变这种情况，尼日尔河流域各国渴望开发尼日尔河的水力资源。早在1963年尼日尔河流域国家建立了国家间联合机构——尼日尔河委员会，其目的是为了加强、改进和协调它们之间在各项治理行动中的合作。

俄罗斯的母亲河——伏尔加河

伏尔加河发源于东欧平原西部的瓦尔代丘陵，自北向南曲折流经俄罗斯平原的中部，注入里海。全长约3 690千米，流域面积约136万平方千米，占东欧平原的1/3，是欧洲最长的河流，也是世界上最长的内流河。

伏尔加河发源处海拔仅225米，入里海处低于海平面28米，总落差小，流速缓慢，河道弯曲，是一条典型的平原型河流。

伏尔加河及其支流从北到南约跨15个纬度，流域内自然条件差别很大。上游气候湿润，径流量大，河网密布，有大小支流5万多条，其中卡马河（伏尔加河最大的支流）和奥卡河是主要支流。越往下游气候越干燥，河网越稀，从北纬50°到河口的800千米内，没有一条支流，形成典型的树枝状水系。

伏尔加河的水源主要是春季的融雪，雪水约占河流水量的55%。夏秋季雨水供给约占4%，地下水占41%，最大流量在春季。春季径流在全年的比重越往下游越大。

伏尔加河冬季结冰，封冻期上游较长，达140天；中下游封冻期较短，在90～100天之间，大体上从11月份末开始封冻，到第二年4月份开始解冻。封冻从上游开始，解冻从下游开始。

伏尔加河也是欧洲流量最大的河流，平均每秒流入里海的水量达 8 000 立方米，平均每年有 255 亿立方米的水注入里海，在所有流入里海的总流量中占 78%。

伏尔加河长度大，穿越不同地带，水力资源丰富。十月革命前，伏尔加河完全处于自然状态，河水深度仅 1.6~2.5 米，全河有许多浅滩和沙洲，通航不畅，干、支流上丰富的水力资源基本上未加利用。十月革命后，前苏联于 20 世纪 30 年代起对伏尔加河进行了大规模的整治和综合开发利用，按一级航道标准（最小保证水深 2.4~3 米，宽 85~100 米，弯曲半径 600~1 000 米）进行全面渠化，先后在干支流上修建了 14 座大型水利枢纽，并建成了连接莫斯科的长达 128 千米的莫斯科运河，沟通顿河及波罗的海的长为 101 千米的伏尔加河－顿河运河，以及长达 361 千米的伏尔加河－波罗的海运河。到 20 世纪 70 年代中期，伏尔加河已建成同前苏联欧洲部分其他河网相连的、统一的深水内河航运系统，总长约 6 600 千米。通过伏尔加河及其运河，可连接北部的白海、西部的波罗的海和南部的黑海、亚速海及里海，从而实现了五海通航，改善了内陆河的局限性，使莫斯科成为联通五海的大河港。它的主航线可通航 5 000 吨级货轮和 2~3 万吨级的船队。

伏尔加河干、支流上的 14 座大中型水利枢纽还承担着发电、城市和工业用水、农田灌溉及渔业等综合职能。20 世纪 80 年代初，伏尔加河干流及卡马河上的 11 座梯级水电站的总装机容量达 1 130 万千瓦，其中 100 万千瓦以上的大型水电站有伏尔加格勒、古比雪夫、切博克萨雷、萨拉托夫、下卡马和沃特金斯克 6 座。

伏尔加河流域是俄罗斯最富庶的地区之一。长期以来，伏尔加河水滋润着沿岸数百万公顷的肥沃土地，养育着俄罗斯各族儿女，伏尔加河的中北部是俄罗斯民族和文化的发祥地。那深沉的伏尔加河船夫曲，至今仍在人们的脑海中萦绕。马雅科夫斯基、普希金等许多俄罗斯著名诗人，都曾用美好的诗句来赞美她、歌颂她，称她为俄罗斯民族的母亲河。

现在，伏尔加河流域是俄罗斯最重要的工农业生产基地，为俄罗斯经济的稳定和发展做出了巨大的贡献。

多姿多彩的河流

　　河流不仅产生生命，也孕育和产生了人类文化。河流的生命问题，不仅关系到陆地水生生物的繁衍、生息和生态稳定，也直接影响人类在长期历史传统中形成的对河流与人及其社会休戚相关的精神信仰、心灵形象和象征意义。每条河流在过往的漫漫岁月中，形成了各自的特点，也形成了多姿多彩的河流文化和河流文明。

南美洲的水电之源——拉普拉塔河－巴拉那河

拉普拉塔河－巴拉那河

拉普拉塔河－巴拉那河是南美洲第二大河，全长4 100千米，流域面积300多万平方千米。其主源格兰德河出自巴西高原东南缘的曼蒂凯拉山西北坡，与巴拉那伊巴河汇合后，始称巴拉那河。由东北向西南流，先后汇入巴拉圭河、乌拉圭河等重要支流，下游折向东南，河口段称拉普拉塔河，注入大西洋。

拉普拉塔河－巴拉那河是南美洲中东部重要的内河航道，全年通航里程约2 700千米，流经巴西、巴拉圭、阿根廷和玻利维亚等国。承担阿根廷对外贸易30%和巴拉圭对外贸易90%的运输任务。流域内蕴藏丰富的水力资源，20世纪70年代以来，流域各国开始合作修建大型水电站。流域内多急流瀑布，其中著名的有伊瓜苏瀑布和瓜伊拉瀑布。拉普拉塔河－巴拉那河沿岸农作物丰富，盛产玉米、大豆、高粱和小麦。

拉普拉塔河－巴拉那河常年滚滚奔腾，流经的高原地区，地表起伏悬殊，河床高低起伏，加之河水的不断侵蚀，沿河形成了许多大瀑布。跌水和急流，为沿河国家提供了极为丰富的水力资源。拉普拉塔河－巴拉那河的水力利用，对巴西、巴拉圭和阿根廷三国具有很重要的意义。巴西在拉普拉塔河－巴拉那河水系的发电量占全国水力发电量的1/2以上。目前，巴西是世界上水电建设规模最大的国家之一，建设速度和技术均居世界前列。全国耗电量的85%来自水电。

1973年，巴西和巴拉圭政府决定在拉普拉塔河－巴拉那河的瓜伊拉瀑布到下游巴西的伊瓜苏市180多千米的河段上兴建水电站。这一段河身收束为400米，水深45米，全段河道落差120米，河床由玄武岩组成，为兴建水电站的良好坝址。"伊泰普"是河中一个小岛的名字，也许是由于奔腾的河水不停地拍打小岛的岩岸发出有节奏的声响的缘故，当地印第安人一个部族称之为"伊泰普"，意思是"歌唱的石头"。

伊泰普水利枢纽选址是从 10 条基准线中选取一条最佳的基准线，该线距连接巴西和巴拉圭两国的巴拉那大桥约 13 千米。水利枢纽工程的规模浩大，溢洪道最大设计流量 6.2 万立方米，水电站坝高 190 米，坝长 7 千米，库容为 290 亿立方米。工程于 1975 年 10 月开工，到 1991 年全部竣工并交付使用，总装机容量达 1 400 万千瓦。

你知道吗

水利枢纽

水利枢纽是指为满足各项水利工程兴利除害的目标，在河流或渠道的适宜地段修建的不同类型水工建筑物的综合体。水利枢纽常以其形成的水库或主体工程——坝、水电站的名称来命名，如密云水库、罗贡坝、新安江水电站等；也有直接称水利枢纽的，如葛洲坝水利枢纽。

伊泰普水电站的建设，为周围地区带来了一片欣欣向荣的景象，城市发展日新月异。同时，还大大促进了巴拉圭和巴西经济的发展。水电站活跃了巴拉圭的建筑、电子和运输等企业部门。大量的电能可以满足巴拉圭的国内需要，促进基础工业、机械工业和其他大型工程工业的发展。

◤ 水量季节变化大的河流——巴拉圭河

巴拉圭河

巴拉圭河是南美洲中南部的一条重要河流，是拉普拉塔河－巴拉那河的重要支流。它发源于巴西马托格罗索高原帕雷西斯山东麓，流经巴西西南部和巴拉圭，在阿根廷的科连特斯附近注入巴拉那河。全长约 2 550 千米，流域面积约 110 万平方千米。上游在饶鲁河河口以上，流经山地峡谷，形成一系列急流瀑布。中游在阿帕河河口以上，流经沼泽平原，河面增宽，水流平缓。右岸有面积约 40 万平方千米的大沼泽，是调节水量的天然水库。下游纵贯巴拉圭中部，为巴拉圭东部湿润平原和西部大查科的分界线，亚松森以下河道曲折、小岛罗列；右岸陡崖高耸，左岸低矮平坦，雨季时淹没大片土地。流域处于热带草原气候带，水量季节变化大。除上游外全程皆可通航。

🖤 工业发达的流域——顿河

顿河是俄罗斯在欧洲部分的大河。它源起俄罗斯中部丘陵东麓，向东南流，后折向西南，注入亚速海的塔甘罗格湾，长约 1 870 千米，流域面积约 42.2 万平方千米。上游从源头起到索斯纳河口止。流经森林草原带较狭窄不对称河谷后，河床展宽至 200 ~ 400 米。中游从索斯纳河口起至伊洛夫利亚河汇流处止，有宽广的河漫滩。中游以下流经草原带，大部分河床为齐姆良水库所占据。大坝以下至河口段为下游，河床比降很小，水流缓慢。

顿　河

罗斯托夫以下为顿河三角洲，面积约 340 平方千米。主要支流有霍皮奥尔河、梅德韦季察河、北顿涅茨河等。河水补给主要靠雪水。春汛为高水位，秋冬水位最低，结冰期为 4 ~ 5 个月。顿河流域是俄罗斯工农业发达地区。齐姆良水电站建成后，使干流同伏尔加河、列宁运河联结起来。

👆 杭州的生命线——钱塘江

　　钱塘江是我国东南沿海一条重要的河流，是浙江省会杭州的生命线。钱塘江流域内人口稠密，资源富饶，经济发达，为浙江的经济重地。

钱塘江大潮

　　钱塘江全长约 688 千米，流域面积约 5.56 万平方千米。钱塘江源出何处，长期以来众说纷纭。20 世纪 80 年代中期，浙江科协对此进行了专门考察，认为发源于安徽省休宁县西南山区的新安江是钱塘江的正源，而发源于安徽省休宁县青芝埭尖的兰江，只不过是钱塘江最大的一条支流而已。

　　自古以来，钱塘江就以大潮闻名于世。钱塘江的杭州湾，形状像一只向海张口的大喇叭，外宽内窄，出海处宽约 100 千米，到了澉浦附近，收缩到 20 千米左右，再西进到海宁盐官附近，就只有 3 千米宽了。海水起潮，由大喇叭口大量涌入杭州湾，受到向湾内缩窄的地形约束，马上升高。加上钱塘江底在澉浦以上升高，江水较浅，大量潮水涌来时，浪头跑不快，前面的浪头还没有过去，后面的又追上来了，所以形成钱塘江壮观的景象。

知识小链接

潮 水

　　白天涨落叫潮，夜间涨落叫汐，所以海水涨落也叫潮汐。中国古书就有过"大海之水，朝生为潮，夕生为汐"的记载。

　　钱塘江大潮是怎样形成的呢？这与钱塘江入海口杭州湾的形状以及它特

殊的地形有关。杭州湾呈喇叭形，口大肚小。钱塘江河道自澉浦以西，急剧变窄抬高，致使河床的容量突然缩小，大量潮水拥挤入狭浅的河道，潮头受到阻碍，后面的潮水又急速推进，迫使潮头陡立，发生破碎，发出轰鸣，出现惊险而壮观的场面。河流入海口是喇叭形的很多，但能形成涌潮的河口却只是少数，钱塘江大潮能荣幸地列入这少数之中，又是为什么？科学家经过研究认为，涌潮的产生还与河流里水流的速度跟潮波的速度比值有关。如果两者的速度相同或相近，势均力敌，就有利于涌潮的产生；如果两者的速度相差很远，虽有喇叭形河口，也不能形成涌潮。还有，河口能形成涌潮，与它所处的位置潮差大小有关。由于杭州湾在东海的西岸，而东海的潮差，西岸比东岸大。太平洋的潮波由东北进入东海之后，在南下的过程中，受到地转偏向力的作用，向右偏移，使西岸潮差大于东岸。杭州湾处在太平洋潮波东来直冲的地方，又是东海西岸潮差最大的方位，得天独厚。所以，各种原因凑在一起，促成了钱塘江大潮。它和其他潮一样是海水在月亮和太阳的共同吸引下所产生的。潮汐不但能给人带来美感，也给人们带来巨大的能源。利用潮汐涨落所产生的潮差，可以发电。潮差愈大，发电能量愈大。钱塘江大潮，景象固然十分壮观，但更加重要的是，它还蕴藏着巨大的动力能源。据估算，钱塘江大潮的发电量，可以抵得上三门峡水电站的 1/2 左右。

钱塘江不仅以大潮闻名，它还是杭州的生命之江。杭州位于钱塘江下游北岸，是我国的历史文化名城，已有 2000 多年的历史。

支流众多的河流——鄂毕河

鄂毕河位于西伯利亚西部，是俄罗斯也是世界著名长河。鄂毕河在当地不同民族中有不同的名字，其长度约为 3 700 千米，流域面积达到了 260 万平方千米。

鄂毕河是世界大河之一，按流量是俄罗斯第三大河，仅次于叶尼塞河和勒拿河。鄂毕河是由卡通河与比亚河汇流而成，自东南向西北流再转北流，纵贯西伯利亚，最后注入北冰洋喀拉海鄂毕湾。河口多年平均流量 12 300 立方米/秒，实测最大流量 43 800 立方米/秒，实测最小流量 1 650 立方米/秒；年平均径流量 3 850 亿立方米。河中的含沙量沿程呈递减趋势（160 ～ 40 克/立方米），年平均输沙量 5 000 万吨。从卡通河与比亚河汇口起至托木河口为上游，托木河口至额尔齐斯河口为中游，额尔齐斯河口至

鄂毕河

鄂毕湾为下游。

发源于阿尔泰山的比亚河和卡通河在阿尔泰边疆区的比斯克西南汇流形成鄂毕河。比亚河发源于捷列茨湖，卡通河则发源于别卢哈山的冰川。在到达北纬 55°前，鄂毕河曲折向北或者向西流，然后向西北划出一个巨大的弧线，然后向北，最终向东注入鄂毕湾。鄂毕湾是一个连接北冰洋喀拉海的狭长海湾。

鄂毕河流域的可航行河段总长度将近 15 000 千米，经托博尔河，可以在秋明与叶卡捷琳堡－彼尔姆铁路相连，然后与俄罗斯腹心地带的卡马河与伏尔加河连接。鄂毕－额尔齐斯河组合水系的长度居亚洲第二位，大约为 5 410 千米。最大的港口是额尔齐斯河上的鄂木斯克，与西伯利亚大铁路相连。又有运河与叶尼塞河相连。鄂毕河从巴尔瑙尔以南开始，每年 11 月初到第二

广角镜

北冰洋

北冰洋是世界最小、最浅和最冷的大洋。北冰洋大致以北极圈为中心，位于地球的最北端，被欧洲大陆和北美大陆环抱着，有狭窄的白令海峡与太平洋相通；通过格陵兰海和许多海峡与大西洋相连。它是世界大洋中最小的一个，面积约为 1 500 万平方千米，它的深度约 1 097 米，最深约 5 499 米。古希腊曾把它称为"正对大熊星座的海洋"。

年 4 月末都是冰封的，而距离河口 160 千米的萨列哈尔德以下，则从 10 月底到第二年 6 月初结冰。鄂毕河中游从 1845 年起就有蒸汽船航行。鄂毕河河网密布，支流众多。

 "狂热的流浪者" ——阿姆河

阿姆河是亚洲主要的内陆河流之一。它发源于帕米尔高原东南部和兴都库什山脉海拔4 900米的山地冰川，是两大沙漠的界河，以河槽易变而著称。女诗人玛格丽达·阿里格尔在她一首史诗中称阿姆河为"狂热的流浪者"。

阿姆河是中亚水量最多的河流之一。河长从其最远的源头——瓦赫基尔河算起，约2 500千米，而从两个主要河源——喷赤河和瓦赫什河的汇流处算起，总长约1 400千米。流域南北宽约960千米，东西长约1 400千米。瓦赫基尔河及其下游瓦汗河发源于阿富汗，喷赤河发源于瓦汗河和帕米尔河的汇合点。喷赤河全程均为塔吉克和阿富汗的边界河。

阿姆河

阿姆河上游的250千米一段也沿边界河流动。在这一段阿姆河穿流在阿富汗—塔吉克凹地的砾岩和黄土层上。克利弗村开始是阿姆河谷的幼年谷地，因为河川流经在地质上不久前是沿克利弗乌兹博伊干河床往西，再流往卡拉库姆沙漠南部，流入科佩特山脉前的凹陷。后来，在一次较大的湿润

> **趣味点击**　砾　岩
>
> 砾岩是粒径大于2毫米的圆状和次圆状的砾石占岩石总量30%以上的碎屑岩。砾岩中碎屑组成主要是岩屑，只有少量矿物碎屑，填隙物为砂、粉砂、黏土物质和化学沉淀物质。

期，阿姆河决口流向西北咸海方向，而在这以前曾是阿姆河左岸支流的斑迪巴巴河（巴尔赫河），流进了克利弗乌兹博伊干河床的低洼地，斑迪巴巴河现

在流入阿富汗境内。

阿姆河中游，河水流入平原后的 1 200 千米间无支流注入，为穿越干旱荒漠的过境河流。在夏季高山积雪与冰川融化时，水位与流量变化就很强烈，有一种惊人的破坏力。喷赤河下游从法扎巴德卡尔起可以通航，但是经常发生主航道泥沙堵塞和整段河槽的河变，这给航行造成了很大的困难。

阿姆河的复杂历史也反映在下游地段，甚至已转向西北的阿姆河也不总是注入咸海。有一段时期，它转向位于咸海西南的萨里卡米什凹地，在那里甚至出现了注入里海的径流。阿姆河还有一个奇怪的特点与此有关：它有两个三角洲，一上一下。在阿姆河穿流苏勒坦—伊兹达格低山地的地方，塔希阿塔什石岬附近的狭窄地段把两个三角洲分开。上三角洲形成于阿姆河流入萨里卡米什凹地的时期。在这个三角洲上有早在古典时期就已极为繁盛的花剌子模绿洲，它在中世纪曾是独具风格的繁荣的文化中心。直至今天，它的灌溉渠网也是纵横交错。阿姆河自古多洪水泛滥，"阿姆河"即"疯狂的河流"。这里土地肥沃，不断得到大量河流淤泥的补充。阿姆河在悬移质的淤泥量上位于世界大河的前列，超过了尼罗河。它的暗褐色的水流每年带入咸海的泥沙达 1 亿吨。阿姆河"依靠"咸海的水位构成下三角洲。

帕米尔高原的永久积雪和冰川是阿姆河河水补给的主要来源。春季雪融，3 ~ 5 月河流开始涨水；夏季山地冰川融化，6 ~ 8 月河水水位最高，流量最大；9 月 ~ 翌年 2 月，流量减少，水位降低。流域的平原地区年降水量仅 200 毫米，下游地区更不到 100 毫米，没有支流注入，却有 25% 的流量用于灌溉和失于蒸发，以致下游水少且不稳定。

阿姆河是中亚地区的水运中心。从河口到铁尔梅兹约 1 000 千米可通汽船。在秋冬枯水期从河口到查尔朱约 600 千米仍可通航。但由于多沙洲和浅滩，不利航行，货运不大。从河口到铁尔梅兹已建有综合水坝系流，可防洪和引水灌溉；在阿姆河左岸修建的卡拉姆运河，可向阿什哈巴德供水灌溉；从阿姆到克拉斯诺伏斯克的土库曼大运河，已对农业起了很大作用。上游河道纵横，地形多样，在流经的土地上有山地、高原、绿洲等，构成了一幅浓墨重彩的立体画卷；河口三角洲长约 150 千米，面积约 1 万平方千米，盛产芦苇、柳和白杨等林木。

大同江

拓展阅读

黄海

黄海是太平洋西部的一个边缘海，位于中国大陆与朝鲜半岛之间。黄海平均水深约44米，海底平缓，为东亚大陆架的一部分。注入黄海的主要河流有鸭绿江、大同江、汉江等，主要沿海城市有大连、丹东、天津、汉城、青岛、烟台、连云港等。

大同江是朝鲜第五大江。它发源于朝鲜咸镜南道狼林山东南坡海拔2 184米处，向西南方向流，先后流经平安南道、平壤市，在南浦附近汇入西朝鲜湾，最后注入浩瀚的黄海。河流全长约439千米，流域面积约2.03万平方千米。整个流域处在东经125°15′~127°02′，北纬38°08′~40°20′。

大同江流域支流众多。其主要支流有南江和载宁江等。

由于河水较深，从河口到松林可通4 000吨的船只，河口以上65千米可通2 000吨船只。上游地区灌溉发达。

大同江从上至下先后建成了顺川、成川、烽火、美林和西海（又名南浦）5座水闸，取得了防洪、灌溉、航运、供水、发电等综合效益。美林闸库容1亿立方米，位于大同江口的西海闸，总库容27亿立方米，挡水前缘总长8千米。枢纽建筑物包括土坝4.6千米，混凝土坝2.4千米，31孔

水闸

水闸在水利工程中的应用十分广泛，多建于河道、渠系、水库、湖泊及滨海地区。关闭闸门，可以拦洪、挡潮、蓄水抬高上游水位，以满足上游取水或通航的需要。开启闸门，可以泄洪、排涝、冲沙、取水或根据下游用水的需要调节流量。

水闸，每孔净宽约 16 米。工程于 1981 年 5 月开工，1986 年 6 月竣工，可灌溉 20 万公顷海涂。西海闸坝枢纽能够对大同江约 126 亿立方米的年径流量进行有效的调节，并配合其上游的美林闸、烽火闸联合运行，给歧阳灌溉系统和艮波灌溉系统补充水量。

大同江的铁桥

◉ 洪灾严重的河流——信浓川

信浓川发源于关东山地的甲武信岳，注入日本海，干流全长约 367 千米，是日本最长的河流。流域面积约 12 340 平方千米，居日本第三。

信浓川流出发源地后，向北流经小诸市和上田市，进入长野盆地，在此段有左支流犀川汇入。流过新潟县与长野县边界之后，先后有中津川、清津川和鱼野川汇合，进入新潟平原。在分水町分出大河津分洪道，继而又分出中之口川，并先后与五十岚川、刘谷田川、加茂川汇合，最后再分出关屋分洪道，穿越新潟市中心注入日本海。信浓川上游的千曲川流域属高山地形，地层以安山岩为主。信浓川中下游流域由于河流向两侧侵蚀，岩坡崩塌，形成了两岸的山谷和壮观的河岸阶地；岸坡崩塌后随水流流下的泥沙，在下游形成冲积平原。

信浓川的上游表现为最典型的内陆气候，其南部呈明显的东海地方气候特征，而其北部则受北陆地方的影响，气候条件复杂。以年均气温为例，长野为 11.3℃，松本为 11.0℃，轻井泽为 7.7℃，新潟市为 13.0℃。由于地形复杂，因而信浓川流域的年降水量也迥然不同。例如，千曲川下游降水量为 1 400～1 800 毫米，上游为 1 000～1 400 毫米，中游约为 1 000 毫米。信浓川中下游的降水量显示出日本海的气候特征，每年 11 月～次年 2 月的降水量占年降水量的 40% ~50%，多为降雪所致。其次是 6 ~7 月的梅雨季节，往往会有大的降水。年降水量的时空分布大体为：沿海岸的平原最少为 1 900 毫米，山地附近的平原为 2 600 毫米左右，信浓川下游的山区为 3 000 毫米左右，其中游段的山地为 2 000 ~2 500 毫米。鱼野川沿岸最大，为 2 500 ~3 000 毫米。

信浓川属于洪水多发型河流，上游段的洪水成因主要是所谓的"风水害"。风害指台风期的洪水灾害；水害则是指融雪期和梅雨期集中暴雨产生的洪水灾害。信浓川中下游河段的主要洪水一般产生于 3 ~4 月的融雪期和 7 ~10月的大雨期。大雨期的洪水主要发生在梅雨前期、秋雨前期以及台风和雷雨等集中降雨的时节。据观测资料，信浓川历史最大洪水出现在 1959 年 8月 14 日，最大洪水流量 7 260 立方米/秒。

广角镜

洪 峰

洪峰是一次洪水或整个汛期水位或流量过程中的最高点，就是洪水的最大流量。如果单位面积的降水量大于水流量，雨水就会一点一点地积累。一旦流域广，路程长之后，就会形成洪峰。在某种意义上讲，洪峰就是一道大波浪。

信浓川上游段和中下游段的洪水有所不同。上游段的洪水俗称"铁炮水"，是在遭遇大的降雨时，由众多的山溪小涧的洪水汇集而成。这些小支流大多流程短，坡降大，故洪峰的形成速度很快，洪量很大，易于泛滥成灾。而在信浓川中下游段，融雪期时若气温为 10℃，风速为 5 米/秒，那么融雪量相当于 45 毫米/天的降雨量。融雪径流虽然速度慢，时间长，但由于是连续不断地产生，因而会使河流水位上涨，此时若遇与之相当程度的降雨，就会形成洪水。据统计，从 741 ~1930 年，信浓川共发生较大洪水约 130 次，平均不到 10 年一次。1931 ~1960 年的 30 年间，有记载的洪灾更是多达 23 次，几乎年年有洪灾。历史上损失最严重的洪灾有 2 次。一是 1847 年大洪水，当年 4 月 14 日，日本发生了善光寺大地震，更科郡岩仓山崩塌，封堵了犀川，20 多天后，堵口处破堤，洪水直扑而下，冲毁房屋 34 000 余间，淹没农田无数，死者 12 000 余人。此次洪水在日本俗称"信州水"或"地震水"。二是 1926 年的大洪灾，当年 7 月 27 日至 30 日连续降大雨。大雨致使山岳塌滑，溪谷阻断，大浪冲毁森林，冲垮桥梁和房屋，以极快的速度淹没了枥尾盆地。

◩► 四个国家的界河——库拉河

　　库拉河是一条国际河流，发源于土耳其东北部卡尔斯省境内安拉许埃克贝尔山西北坡，在土耳其境内叫科拉河。河流先由西朝东北流，后转向东南流，经土耳其、格鲁吉亚和阿塞拜疆等国，最后注入里海。河流全长约 1 364 千米，流域面积约 18.8 万平方千米。河口附近年平均流量 575 立方米/秒，径流量约 181 亿立方米。

　　库拉河支流众多，主要有左岸的阿拉扎尼河、阿拉格瓦河等；右岸的阿拉斯河、杰别德河、沙姆浩尔河等。

　　阿拉斯河位于外高加索，是库拉河的最大支流，在亚美尼亚、阿塞拜疆，该河又称阿拉克斯河。河长约 1 072 千米，流域面积约 10.2 万平方千米。该河发源于土耳其境内的宾格尔山脉坡地，后流经亚美尼亚、伊朗、阿塞拜疆诸国，该河大部分河段为上述四国间的界河。上游是山地河流，大部分在狭窄的峡谷中流淌。阿胡良河从左侧注入以

库拉河上的孔桥

后，河谷扩宽，河流进入阿拉拉茨平原，并分成了许多河汊。纳希切万恰亚河注入后，阿拉斯河开始进入深谷地段，最后流进库拉－阿拉克辛低地，在距库拉河河口 240 千米处的萨比拉巴德城附近注入库拉河。阿拉斯河的河水补给以地下水和雪水为主。流域降水不多，因而水量较小。阿拉斯河流域的河流多经无林山地，挟带大量泥沙，其年均输沙量约 1 600 万立方米。

拓展阅读

大高加索山脉

大高加索山脉主轴分水岭为南欧和西亚的分界线，位于黑海与里海之间，呈西北－东南向横贯格鲁吉亚、亚美尼亚和阿塞拜疆3国。它属阿尔卑斯运动形成的褶皱山系。长约1 200千米，宽约200千米，山势陡峻，海拔大都在3 000~4 000米。最高峰厄尔布鲁士山，海拔5 642米，是一座死火山。海拔3 500米以上终年积雪。第四纪时，全为山地冰川所覆盖，有1 500多条山地冰川。它是一条重要地理界线。

库拉河流域位于大高加索以南，位于东经41°5′~49°，北纬38°~42°5′。流域大部分为亚美尼亚火山高原和大、小高加索山脉所盘踞，小部分为库拉－阿拉克辛低地。

在博尔若米峡谷以上的上游地区，库拉河奔流在山间盆地与平原交替出现的河谷中，自博尔若米峡谷到第比利斯市的中游地段，河流基本上在平原上流动。第比利斯市以下，河床在局部地区被分成一些河汊，河谷扩宽：右侧是博尔恰林平原，左侧是干涸的卡拉亚兹草原。在明盖恰乌尔村附近切穿博兹达格峡谷，然后进入库拉－阿拉克辛低地，并直抵里海。此段河流蜿蜒曲折。

在库拉河中游有来自大高加索山脉南坡的阿拉格瓦河、阿拉扎尼河和发源于亚美尼亚火山高原和小高加索山脉的无数右岸支流汇入。

在距河口236千米处，接纳了其最大支流阿拉斯河。注入里海时，库拉河形成了面积约100平方千米的三角洲。三角洲一年要向里海推进100米。

趣味点击　　亚热带

亚热带又称副热带，是地球上的一种气候地带。一般亚热带位于温带靠近热带的地区。亚热带的气候特点是其夏季与热带相似，但冬季明显比热带冷。最冷月均温在0℃以上。

库拉河流域位于温带和亚热带的交界处。1月平均气温为4℃左右，7月的平均气温为 25℃ 左右。流域年降水量 300 毫米左右。河水补给比例是融雪水占 36%，地下水占 30%，雨水为 20% 左右，冰川补给为 14%。春季（4～6 月）的径流量占年径流量的 44%～62%，夏季（7～9 月）占 12%～23%，秋季（10～11 月）占 4%～16%，冬季（12～3 月）占 9%～24%。

库拉河及其山地支流由于落差很大，所蕴藏的水能资源也很丰富。现在，在库拉河干流上已建有奇塔赫维、泽莫阿夫查尔等水电站，支流上也兴建了一些水利工程。

◆ 渔业发达的河流——勒拿河

勒拿河位于东西伯利亚，全长约 4 400 千米，流域面积约 249 万平方千米，是俄罗斯最长的河流，世界第十长河流。它源出贝加尔山脉西坡，沿中西伯利亚高原东缘曲折北流，注入北冰洋拉普捷夫海。从河源至维季姆河入口处为上游；维季姆河口到阿尔丹河口为中游；阿尔丹河口以下为下游。入海处每年有约 1 200 万吨泥沙和约 4 100 万吨溶解物质积淀，形成俄罗斯境内最大的河口三角洲，面积约 3.2 万平方千米。河水补给以冰雪融水为主，水力资源丰富，约

勒拿河

有 4 000 万千瓦，支流上建有马马卡斯克和维柳伊斯克水电站等。干、支河流被广泛利用浮运木筏。下游渔业发达，主产马克鲟鱼、西伯利亚白鱼、凹目白鱼、江鳕等。流域内森林、煤、天然气、铁、金、金刚石、云母、岩盐等资源丰富。主要河港与经济中心有基廉斯克、奥廖克明斯克、波克罗夫斯克、雅库茨克、桑加尔等。

知识小链接

木 筏

木筏，即用长木材捆扎成的木排，是一种简易的水上交通工具。使用材料多为高大乔木的枝干。

加拿大第一长河——马更些河

马更些河是加拿大第一长河，全长约 4 241 千米，流域面积约 180 万平方千米，也是全球流经北极苔原地区的最大河流。它发源于加拿大落基山脉东麓，阿萨巴斯卡河向东北注入阿萨巴斯卡湖，出湖后与皮斯河汇合成奴河，

马更些河

往北注入大奴湖。从大奴湖流出后，始称马更些河，向西北流入波弗特海。河东曾受第四纪大陆冰川影响，缺乏较大支流，但湖泊众多，多有水道与马更些河相连；河西有多条源于落基山脉的支流贯注。包括阿萨巴斯卡湖、大奴湖、大熊湖等，其中大熊湖是加拿大最大的湖泊。因地处高纬，气候严寒，河流冰冻期很长。流域内年降水量不足 350 毫米，水源补给以冰雪融水为主。马更些河是联系偏远的加拿大北部与南部地区的重要航路，特别是在运送大熊湖、大奴湖一带镭、铀、铅、锌、金等矿产品方面起着重要作用。

🔈 台 伯 河

台伯河是意大利中部河流。它源出亚平宁山脉海拔 1 268 米的西坡，纵贯亚平宁半岛中部，经罗马市区后注入第勒尼安海，全长约 405 千米。台伯河是罗马市内最主要的一条河，罗马城就在台伯河下游，跨台伯河两岸。佩鲁贾以下河谷显著加阔，有内拉河、阿涅内河等支流汇入。它含沙量大，下游淤积严重。该河属于地中

台伯河

海气候区，每年冬、春为洪水期，夏、秋为枯水期。河口到罗马以北约 45 千米的河段可全年通航。

🔈 一条发生巨变的河流——海河

海河沿岸

海河，源自天津市西部的金刚桥，东至大沽口，注入渤海。全长约 70 多千米。它的上游有南运河、子牙河、大清河、永定河、北运河等 5 条河流和 300 多条支流。海河和这些支流，像一把巨型的扇子铺在冀东大地，组成了我国华北地区最大的水系——海河水系。

海河水系所流经的地区西起

太行山，东临渤海，北跨燕山，南界黄河。河北省的大部分地区都处在海河流域。我们伟大祖国的首都北京市和著名的工业城市天津市坐落在海河流域的东北部。全流域面积约30万平方千米。

海河水系大部分源于太行山脉和燕山山脉，上游山区支流多，坡度陡，源短流急；中游地势平坦，河水流速缓慢。海河的许多支流从高原进入平原以后，为什么不继续东流单独入海，而是挤在一起由一个通道出海呢？这是因为海河流域南部属于黄河泛滥堆积的三角洲，泥沙堆积多，地势高，因而整个海河流域的地势南面高、北面低，天津地区地势最低。海河水系的五大支流就在地势最低的天津地区集中起来，然后通过河道并不宽大的海河流入渤海。一条河流，支流这么多，出海口又只有一个，每当暴雨一来，各支流大量洪水同时涌出海河，海河就"吃不消"，于是河水破堤而出，发生泛滥。而且，海河各条支流带来很多泥沙，河道淤塞相当严重，加上黄河经常泛滥，侵夺和淤塞海河南部各支流，严重地削弱了海河的排洪能力，所以洪水一来，海河流域千里平原汪洋一片。

广角镜

太行山

太行山又名五行山、王母山、女娲山。中国东部地区的重要山脉和地理分界线，北起北京西山，南达豫北黄河北崖，西接山西高原，东临华北平原，绵延400余千米，为山西的东部、东南部与河北、河南两省的天然界山。它由多种岩石结构组成，呈现不同的地貌，这里储藏有丰富的煤炭资源。太行山地区有众多河流发源或流经，使连绵的山脉中断形成"水口"，这里是华北平原进入山西高原的要道。

据记载，从1368～1948年的580年间，海河流域就有水灾387次，旱灾407次，而且许多年份，还是水旱交替，重复受灾。在低洼地区，由于上游来的洪水和当地雨水没有出路，不仅庄稼被淹，年深日久还会造成土地盐碱化，使受灾地区成了"春天白茫茫（土地盐碱），夏天水汪汪，种地难保苗，见碱不见粮"的苦地方。

新中国成立后，海河也从此发生了翻天覆地的变化。针对海河流域危害最大的洪水灾害，政府首先抓了防洪工程。整修了残破堤防，清理了潮白河、永定河的中下游河道，开辟了一些分洪河道和排水渠，并在永定河上游兴建了海河流域第一座大型水库——官厅水库。

海河流域的两岸人民先后开挖了宣惠河、黑龙港河、子牙新河、滏阳新河、独流减河、永定新河以及德惠新河等骨干河道24条，总长度达2 500多千米。修筑了17条大型防洪大堤，总长度达1 690千米。这些骨干河道再配上许多支流和沟渠，大大增强了海河的防洪排涝能力。特别重要的是，新开挖的河道有好几条都是直接入海，比如子牙新河、滏阳新河、永定新河以及北京排污河等，都是如此。这样，如遇大水，海河许多支流的洪水，可以分头排到渤海去，不必再拥挤到天津地区由海河出海了。这就从根本上提高了海河的排洪速度，使海河防洪排涝能力大大提高，基本上免除了这些河道经过的地区洪涝灾害对工农业生产的威胁。

但是，海河流域的洪水只发生在七八月间的很短的几天时间里，一年当中的大部分时间，降雨很少，气候比较干燥，特别是春旱比较严重。因此，治理海河，既要考虑防洪排涝，又要重视防旱抗碱。为了做到"遇旱有水，遇涝排水"，在整治海河河道的同时，还需多打机井，大力开发地下水，创造旱涝保收的稳产高产田。在那些地势低洼，易涝易碱的地区，修台田，治盐碱，并且在山区植树造林，修建拦蓄洪水的水库。通过治理，宽敞的河道，牢固的大堤，像一条条玉带平铺在海河流域的广阔平原上。在纵横交错的河流、渠道上，数万座桥梁、闸、涵洞修筑起来了。几个主要入海口，都耸立着雄伟的防潮闸。平时，它可以使上游来的淡水存在河道里，把海水挡在外面，做到咸淡分家，洪水来了，又可排洪入海。今日的海河，正在由千年害河变为造福于海河流域广大人民的利河。

🔖 中国南方的大动脉——珠江

珠江横贯中国南部的滇、黔、桂、粤、湘、赣六省（自治区）和越南的北部，全长约2 320千米，流域总面积约45.2万平方千米。珠江是一条与众不同的河流。它没有统一的发源地，没有统一的河道，也没有共同的出海水道。一般来说，珠江是指几条从山区来的河流在珠江三角洲汇合，直到出海口的那一段。但是这里河道很多，小的不计，比较大的就有34条之多，出海口共有虎门、焦门、洪奇沥、横门、磨刀门、鸡啼门、虎跳门、崖门等8处，到底哪一条才称"珠江"呢？

珠江并不是一条单一的河流，而是西江、东江和北江这三条河流的总称。

水量丰盈的珠江，航运非常便利，西江、东江和北江都有比较长的河道可通轮船。珠江的干流、支流加在一起，有约3万千米长，其中常年可以通航的里程达1万千米。所以，就航运价值来说，珠江仅次于长江，是名副其实的南方大动脉。

珠江夜景

珠江三角洲的大致范围在三水、石龙和崖门之间，面积大约为11 300平方千米，由西江三角洲、北江三角洲、东江三角洲三部分组成。这里土地肥沃，物产丰饶，人口稠密，文化发达，是"稻米流脂蚕茧白，蕉稠蔗忙塘鱼肥"的鱼米之乡，以及工、农、商、贸、旅游各业一齐腾飞的华南经济最发达地区。

珠江三角洲地处亚热带，北回归线横贯流域的中部。气候温暖湿润，多年平均温度在14℃~22℃，多年平均降雨量为1 200~2 200毫米，降雨量分布明显呈由东向西逐步减少，降雨年内分配不均，地区分布差异和年际变化大。没有寒冷的冬季，各种农作物全年可以生长，水稻一年三熟。广州、东莞、石岐、新会范围内的广大冲积平原，是十分重要的双季连作稻的产区，每当收获季节，一片金黄色的丰收美景，素有"广东粮仓"的美称。珠江三角洲又是我国蔗糖的主产区，具有1 000余年的种蔗制糖的历史。"蔗基鱼塘"或利用海滩围垦后种蔗，蔗田面积大，产量高。由于甘蔗种植业的迅速发展，制糖工业也蒸蒸日上。

珠江三角洲也是盛产蚕桑、塘鱼的重要基地。早在2 000年前的两汉时期，这里已有种桑、饲蚕和丝织的生产活动。到清代中期，洼田改成鱼塘，洼田区变成了基塘区。基塘的利用，首先是"凿池蓄鱼"，基面"树果木"，以后才逐渐演变成"塘以养鱼，堤以树桑"的"桑基鱼塘"生产方式。种桑、养蚕和养鱼三者之间的连环生产体系，是桑塘地区农业经营的主要特色之一。利用桑叶饲蚕，蚕粪落塘养

趣味点击　　塘鱼

淡水鱼的一种，专指在池塘里生长的鱼，是相对河鱼概念而言的。塘鱼主要以鲩鱼、鳊鱼、鳙鱼、鲢鱼、鲤鱼、鲫鱼为主，通常为人工养殖，但从营养价值等方面不及野生的河鱼。

鱼，塘泥上基肥桑，循环利用，互相促进，充分地反映出桑、蚕、鱼三者间连环生产的密切关系："蚕壮、鱼肥、桑茂盛，塘肥、桑旺、茧结实"。

珠江三角洲作为我国著名的生丝生产地，与太湖平原、四川盆地并列为我国三大蚕桑区。

珠江三角洲还是我国著名的水果、蔬菜、花木产区。早在汉代，珠江三角洲已有蔬菜的栽培，在长期的生产实践中，珠江三角洲人民不仅培育了大批适应性强的蔬菜品种，而且还创造和积累了丰富的栽培经验。珠江三角洲也是著名的热带、亚热带水果产区，果树资源丰富，先后见于记载而且比较常见的果树有五六十种，其中以荔枝、柑橘、香蕉、菠萝等果实品质最佳，数量最大，为三角洲的"四大名果"。果树栽培以广州郊区较为集中，以荔枝、龙眼、柑橙为主，新会以柑橘类为特产，东莞以香蕉最闻名。此外，番禺、中山、宝安等地也盛产荔枝、香蕉、菠萝、乌榄等水果。

知识小链接

菠萝

菠萝原名凤梨，原产巴西，16世纪时传入中国，有70多个品种，岭南四大名果之一。菠萝含有大量的果糖，葡萄糖，维生素A、B、C，磷，柠檬酸和蛋白酶等。味甘性温，具有解暑止渴、消食止泻之功，为夏令医食兼优的时令佳果。

珠江三角洲花木资源也极为丰富。早在 2 000 多年前，古南越的花木如桂、指甲花、菖蒲等就曾被移植到汉代的长安。长期以来，广州城西南的花地（花棣），顺德的陈村、弼教，中山的小榄，珠海的湾仔都是重要的花木产地，各种花木如茉莉、含笑、夜合、玫瑰、夜来香等，都得到广泛种植。随着广大人民群众生活水平的不断提高，花木生产成为绿化祖国，美化环境，丰富人们生活内容的重要途径之一。

泰国的河流之母——湄南河

湄南河是泰国的第一大河，自北而南纵贯泰国全境。湄南河的泰文全名是"湄南昭披耶"。其中"湄南"是河的意思，"昭披耶"为河的真名，意即"河流之母"。

湄南河——泰国第一大河

湄南河全长约 1 352 千米，是中南半岛上重要的大河之一。全河以那空沙旺（北榄坡）为界，以北为上游，以南至河口为下游，上下游河道及地形均有明显的不同。

泰国东北部是群山耸立的山区，自西而东依次分布着南北走向的登劳山、他念他翁山、坤丹山和銮山等。在这些山脉之间，发育有滨河、汪河、永河和难河，它们构成了湄南河的上游。

滨河发源于登劳山，流经清迈、南奔、达、甘烹碧、那空沙旺等府，在北榄坡与难河汇合，全长约 550 千米，为湄南河上游四河中最长者，但沿河水浅、滩多、流急，不利于航运。

汪河发源于南邦府北部，坤丹山构成它与滨河的分水岭。汪河在挽达附近汇入滨河，在长约 100 千米的河程中，河床比降大，礁石多，水流急，对航运不利。

永河发源于难府与清莱府交界地区，长约 500 千米。它在网拉甘以下分成两支，其中东支在挽甲桶附近汇入难河。永河以北河床礁石较少，但也因水浅而不利于航运。

难河发源于难府北部的銮山中，全长约 500 千米。它在与永河东支合流之后继续南下，最后在春盛又与永河西支流相汇。难河水量较大，全年可以通航，不过也有些河段多礁石，特别是在难府境内的敬銮河段常发生沉船事故，构成航运业发展的障碍。

滨、汪、永、难四河穿行于群山之中，许多山谷因河流的长期冲积作用发育成肥沃的平原，其中著名的有清迈、南邦、难府等。这种山间盆地，由于地形平缓，气候适宜和灌溉便利，历来是北部山区经济发展的重心，人口稠密，物产丰富。泰国第二大都会——清迈就座落于清迈盆地内，向来是泰北最大的稻谷集散地。

滨、汪、永、难四河所流经地区，大多森林茂密，林产很多，其中以柚木尤为著名。柚木砍伐以后，均在各河中流放而集中于北榄坡后才南运各地或出口。因此，北榄坡是湄南河最大的柚木集散中心。

北榄坡以南的地形为湄南河平原地带。"北榄"在泰语里是"河口"的意思。有人认为，北榄坡过去曾经是湄南河的河口，其南属于暹罗湾的一部分。肥沃的湄南河下游平原是湄南河挟带的泥沙长期堆积而逐渐形成的。即使在今天，湄南河仍在使它的三角洲平原继续向暹罗湾推进，速度是每年约伸展 1 米。

湄南河下游平原面积广

趣味点击　柚　木

柚木又称胭脂树、紫柚木、血树、脂树、紫油木（云南）、埋桑（傣族译名）、硬木树（傣名意译），是一种落叶或半落叶大乔木，树高达 40～50 米，干通直。柚木原产缅甸、泰国、印度和印度尼西亚、老挝等，是东南亚的主要造林树种，也是世界上贵重的用材之一。被誉为"万木之王"，在缅甸、印尼被称为"国宝"。

阔，约达 5 万平方千米。这里河汊交错，气候炎热，雨量充沛，河流定期泛滥，土地肥沃。特别是经过泰国人民的辛勤劳动，已发展成为泰国人口最集中、经济最发达的地区。首都曼谷位于湄南河口附近，是中南半岛最大的城市。

泰国一年分成干、雨两季的气候对湄南河水量的变化影响很大。每年干季时湄南河下游流量仅 150 立方米/秒。雨季期间却可超过 2 000 立方米/秒。每年的雨季期间，湄南河泛滥，两岸农田覆盖上一层层富含腐殖质的河泥，成为促进水稻生长发育的很好的天然肥料。因此，湄南河的定期泛滥对泰国的水稻种植业具有很重要的意义，泛滥期提早或推迟到来以及泛滥期的或长或短都会直接影响到稻谷生产。难怪长期以来泰国民间有许多与河流有关的节日。比如说宋干节即泼水节，就是祈求天雨，希望泛滥期正常到来，以保稻谷丰收的节日。

一条跨国内陆河——伊犁河

伊犁河夕阳图

在我们祖国的西北边陲，有一条著名的内陆河，这就是伊犁河。它与阿姆河、锡尔河一起被称为中亚的三大内陆河，也是我国河川径流量最丰富的内陆河流。

伊犁河以特克斯河为主流，特克斯河发源于天山西段汗腾格里峰北坡，自西向东流，然后折向北流，穿过萨阿尔明山脉，与巩乃斯河汇合，这时始称伊犁河。伊犁河向西流至伊宁附近有喀什河注入，以下进入宽大的河谷平原，河床开阔，支汊众多，渠系纵横，在接纳支流霍尔果斯河后流出国境，进入哈萨克斯坦，最后注入巴尔喀什湖。所以，伊犁河是中亚内陆河的主要河流，也是我国重要的国际河流。

伊犁河在我国境内流域面积约5.7万平方千米，是天山内部最大的谷地。流域内地势由一系列东西走向的山地和谷地所组成。南部的哈尔克山，一般高度在5 500米以上，在汗腾格里峰一带有7 000米左右的群峰，发育着天山最大的山谷冰川，是伊犁河流域与阿克苏河、渭干河流域的分水岭。北部的婆罗科努山以及它东面的依连哈比尔尕山则是与玛纳斯河水系及开都河流域的分水岭。

伊犁河流域由于谷地向西敞开，使西面来的大西洋温暖而湿润的水汽可以长驱直入，形成较多的降水。特别是在春季，气旋过境频繁，所以春季降水在年降水量中占有较大的比重，这与我国干旱区的其他地方春季降水很少的状况大相径庭。与此同时，流域的北、南、东三面高山环抱，阻挡了北面来的干冷气流的袭击，使平原的气温比其他同纬度地区

拓展阅读

胡 麻

　　胡麻是我国五大油料作物之一，又叫亚麻，是古老的韧皮纤维作物和油料作物。胡麻适宜凉爽、湿润的气候，起源于西亚、地中海沿岸。在中国主要分布在甘肃、新疆、黑龙江、吉林等省（自治区）。

要高，为越冬作物创造了极有利的条件。而夏季，来自塔里木盆地与准噶尔盆地的干热气流又难以到达，形成了温和而较湿润的气候，适宜于小麦、玉米、大麦、薯类等粮食作物和油菜、胡麻、甜菜等经济作物的生长。因此，伊犁河流域自古就得到开发利用，建立了乌孙国。清代林则徐也曾在伊犁与当地人民一起兴修水利，发展农业生产。直到如今，伊犁河流域仍然是新疆著名的粮仓、油料和瓜果之乡。

伊犁河各支流在进入平原时，普遍切穿了山地，形成了峡谷段，为发展水电提供了极为有利的条件。其中仅喀什河从河尔图至雅马渡，水能蕴藏量就达120万千瓦，可布置17个梯级。伊犁河流域内还拥有国内少有的优质草原，培育出的伊犁马、新疆细毛羊闻名国内外。伊犁河的鱼类很多，其中西

伯利亚鲟鱼是珍贵品种。在巩留县山地还保留有较大面积的雪岭云杉天然森林。伊犁的啤酒花、莫合烟驰名国内，新源县的伊犁特曲酒，被誉为新疆茅台。

➡ 沃尔塔瓦河

沃尔塔瓦河

沃尔塔瓦河是捷克境内最大的河流，也是捷克的母亲河。它发源于捷克西部，其河流经过布拉格，在布拉格以北 32 千米处与易北河汇流，贯穿德国中部，经萨克森流入北海，全长约 435 千米。沃尔塔瓦河畔的布拉格，是世界上最美的城市之一。沃尔塔瓦河像一条绿色的玉带，将城市分为两部分，沿河两岸陡立的山壁，渐渐地消失在远方起伏的原野里。横跨在河上的十几座或古老或现代化的大桥，雄伟壮观，其中最著名的是有 400 多年历史的查理大桥。这些大桥将城市两部分协调巧妙地联为一体。捷克作曲家斯美塔那于晚年创作的交响诗套曲《我的祖国》中的第二乐章《沃尔塔瓦河》，使这条大河闻名世界。

➡ 地质历史的教科书——科罗拉多河

科罗拉多河发源于落基山西坡，流经大盆地和科罗拉多高原，注入太平洋加利福尼亚湾。全长约 2 333 千米，流域面积约 63 万平方千米，大部分在美国境内。流域内气候干旱，年降水量一般不足 250 毫米，沿途为数不多的支流多是间歇性河流，主要由于落基山区融雪和降水的补给，科罗拉多河才成为一条源远流长的常流河。对流经的干旱区来说，它实际上是过境河，所以人们称它为"美洲的尼罗河"。

在科罗拉多高原上的中游河段，由于高原抬升和河流强烈下切，形成一系列深邃的峡谷。其中以科罗拉多大峡谷最为壮观，被誉为"自然界的奇迹"。

第一次亲临科罗拉多大峡谷，你不能不被它的鬼斧神工所震慑。整个峡谷像一座巨型雕塑博物馆，各种怪石，或如宫殿，或如碉堡，或如列队而立的士兵，或如凌空奔驰的野兽。据介绍，峡谷岩石的颜色具有多变性，在阳光与云

你知道吗

峡 谷

峡谷指的是深度大于宽度且谷坡陡峻的谷地，是"V"形谷的一种。一般发育在构造运动抬升和谷坡由坚硬岩石组成的地段。当地面隆起速度与下切作用协调时，易形成峡谷。中国长江的三峡，黄河干流的刘家峡、青铜峡等，是修建水库坝址的理想地段。峡谷由峭壁所围住的山谷，一般由河流长时间侵蚀而形成。

影的对峙中，在晨曦与晚霞的辉映中，在明月清光下，在雨后彩虹的渲染里，那峡谷中的崖岩、怪石、溪流、瀑布会显现出多姿多彩的神态。

科罗拉多河

大峡谷顶宽底窄，谷壁陡直，整个大峡谷好像被天神之斧劈开而成。大峡谷两壁整齐地排列着一层层的水平岩层，自下而上由老渐新，在这里可了解到20亿年来地质历史的变化，是一部活的地质历史教科书。

由于地形复杂多样，河床宽窄不一，深浅差异悬殊，因而河水流经大峡谷，有时汹涌澎湃，似欲吞噬一切，有时又分成千万条细流沿一级级"台阶"奔流而下，形成壮观的大瀑布。

大峡谷也是一个庞大的野生动物园。据统计，大峡谷中的鸟类、哺乳动

物和冷血动物多达 400 多种，而各种植物竟多达 1 500 种。

大峡谷的发现和探索可以追溯到 1540 年。那一年西班牙人的马队从墨西哥出发向北，穿过茫茫沙漠，在大峡谷发现了印第安人的居住场所。17 世纪初，西班牙王国衰落，把它在美洲的殖民地交给墨西哥。1842 年，美墨战争后，墨西哥把包括大峡谷在内的大片土地割让给美国。

现在，每年去大峡谷游览的人络绎不绝。他们或乘坐直升飞机，从空中鸟瞰；或骑毛驴，沿着崎岖山路在谷底漫游；或坐着木船、木筏，冲过急流险滩，向死神挑战；或结队在谷内步行，夜宿随身携带着的帐篷，聆听野兽的嚎叫、凄厉的风声和潺潺的流水声，体验谷底居民的感受。

科罗拉多河水量不大，由于蒸发旺盛和灌溉损耗，愈向下游水量愈减，在近河口处年平均流量仅 700 立方米/秒。流量季节变化很大，洪水期（初夏）和枯水期（冬季）的流量相差 30 倍左右。但是科罗拉多河水，对于中下游干旱区来说，则是一项宝贵的水源。科罗拉多河还以含沙量高著称，河流挟带大量的碎屑物质使水混浊而呈暗褐色，科罗拉多在西班语中意为"染色"。它每年输送入海的泥沙超过 1 600 万吨，河口因此不断向前推移，目前三角洲面积已达 8 600 平方千米。

◐ 缅甸的天惠之河——伊洛瓦底江

伊洛瓦底江是我国友好邻邦缅甸的第一大河，发源于我国青藏高原的察隅地区，在缅甸境内的两条上源为恩梅开江和迈立开江，两江汇合以后始称

趣味点击 **冷血动物**

冷血动物为变温动物的俗称，指的是体温随外界温度改变的动物。除鸟类和哺乳类外，其他动物都是变温动物，但它们并不是不能完全控制它们的体温。变温动物能通过寻找凉爽或温暖的环境来改变自己的体温。它们缺乏维持一定体温的生理机能，比如完善的心脏。

伊洛瓦底江。伊洛瓦底江自北向南，蜿蜒奔流，穿过崇山峻岭、平原峡谷，流经河网如织的三角洲，注入安达曼海。全长约 2 714 千米，流域面积 43 万多平方千米。缅甸人民对伊洛瓦底江十分崇敬，称它为"天惠之河"。自古以来，缅甸各族人民在它身旁辛勤耕耘，创造了光辉的历史和文化。

从恩梅开江和迈立开江汇合处至曼德勒为伊洛瓦底江上游段，沿岸多山，先后穿过三段峡谷，在每段峡谷间是地势开阔的平原。上游河段滩多流急，不利航行，但水力资源丰富。

曼德勒至第悦茂为伊洛瓦底江中游，它穿流于缅甸中部干燥地带，抵达三角洲顶端时，约有 45% 的水量被蒸发掉。伊洛瓦底江是世界上水土流失最严重的河流之一，而中游又是全流域水土流失最严重的地区。中游谷地是棉花和粮食的重要产地，还蕴藏着丰富的石油。

第悦茂以下为伊洛瓦底江下游。自莫纽起分成 9 条较大河流，向南作扇形展开，形成河道交织如网的三角洲，三角洲地区除一些高地外都为现代冲积平原。地势低下平坦，一般与海潮线相等，部分则在海潮线之下。三角洲每年都以惊人的速度向外延伸。

伊洛瓦底江三角洲地区，是缅甸的鱼米之乡，也是缅甸全国最发达和最富裕的地区，总面积约 2 万平方千米，这里土壤肥沃，灌溉便利，以种植水稻为主，稻米产量约占全缅甸稻米总产量的 2/3，享有"缅甸谷仓"之盛誉。

缅甸经济的发展与伊洛瓦底江有着极其密切的关系。伊洛瓦底江中游河谷两岸是缅甸历史最悠久的地区，早在 1 000 年前的缅甸，人们就在这里筑坝修渠，引水灌溉，种植水稻。缅甸独立后，为了扩大水稻种植面积，增加稻谷产量和出口额，政府极为重视水利工程建设，兴建了许多水利工程。

缅甸内河航运业在国内交通运输业中担负着 65% 的任务，而伊洛瓦底江则是缅甸国内主要运输命脉，成为沟通南北的主要交通线，整个伊洛瓦底江水系有 4 600 多千米的河道全年可以通航。缅甸北部各地出产的各种珍贵的玉石、琥珀、宝石，缅甸中部的农产品以及产于伊洛瓦底江中下游谷地的石油，大都是通过伊洛瓦底江及其支流输送到缅甸各地。

缅甸是世界柚木的主要输出国，素有"柚木王国"的美称，蕴藏了世界 75% 的柚木资源。砍伐后的柚木先用大象运送到附近的河边，雨季时结筏流放，直至仰光，而后运往世界各地。

伊洛瓦底江两岸，名城林立。位于中游的历史名城曼德勒，意为"多宝之城"。它是古代缅甸政治、经济和文化中心。

伊洛瓦底江下游的勃生，是缅甸的第二大港，这里万吨轮船畅行无阻。缅甸的大米、木材、海货，很多都是由该港远销国际市场。缅甸人民引以为豪的是，在近代史上，勃生是一座反抗殖民主义的英雄城市。1824 年，当英国殖民主义者入侵时，伟大的民族英雄班都拉将军曾在这里领导人民奋起还击，使敌人闻风丧胆。

伊洛瓦底江下游，有运河与仰光河相接。缅甸的政治、经济、文化中心——首都仰光犹如一块晶莹的宝石闪烁在伊洛瓦底江三角洲上。1948 年 1 月 4 日，第一面民族独立的旗帜在仰光上空升起，缅甸从此摆脱了殖民主义的枷锁，赢得了独立。今天的仰光，正以它那崭新的面貌，出现在人们面前。

▶ "东方多瑙河" ——澜沧江

澜沧江流经缅甸、老挝、泰国、柬埔寨、越南，在越南南部胡志明市南面入太平洋的南海，全长约 4 900 千米，总流域面积约 81 万平方千米，是亚洲流经国家最多的河，被称为"东方多瑙河"。澜沧江在我国境内长约 2 179 千米，流经青海、西藏、云南等省区，其中在云南境内长 1 247 千米，流域面积 16.5 万平方千米，占澜沧江 – 湄公河流域面积的 22.5%，支流众多，较大支流有沘江、漾濞江、威远江、补远江等。

澜沧江

澜沧江上中游河道穿行在横断山脉间，河流深切，形成两岸高山对峙，坡陡险峻的"V"形峡谷。下游沿河多河谷平坝，著名的景洪坝、橄榄坝各长 8 千米。河道中险滩急流较多，径流资源丰富，多年平均径流量 740 亿立方米。水力资源理论蕴藏量 3 656 万千瓦，可能开发量约 2 348 万千瓦，干流为 2 088 万千瓦，约占全流域 89%。

到目前为止，各种资料上记载的关于澜沧江的源头有十几种说法，而以不同源头为起点的河流长度也有多种，估测的长度从 4 200 千米到最长 4 909 千米不等。一种说法是：澜沧江发源于唐古拉山北侧的扎纳日根山脉的查加日玛峰南坡的莫云滩深处的扎阿曲，位于东经 94° 41′ 44″，北纬 33°42′31″，海拔 5 224 米的拉赛贡玛的功德木扎山上，位于青海省玉树藏族自治州杂多县境内。

拓展阅读

美丽的橄榄坝

橄榄坝是澜沧江在云南境内的一段，很多人都知道"到云南不到西双版纳，不算到过云南，到西双版纳不乘船游览澜沧江，则不算到过西双版纳，乘船游澜沧江不观赏橄榄坝风光，就不算到过澜沧江。"橄榄坝的地势低，气候湿热，一年四季热带植物青翠嫩绿，随处可见随风摇曳的椰子树，椰林深处隐藏着庭院式的傣家竹楼，竹楼四周围着竹篱笆，篱笆边种着仙人掌和小花果，拐角处或凤尾竹迎风摇翠，或菠萝蜜悬挂枝头，或香蕉树果实累累，一番迷人的热带风光。

我国遥感专家刘少创探测的结果是：澜沧江源头在青海省玉树藏族自治州杂多县吉富山，海拔 5 200 米，地理坐标是东经 94°40′52″，北纬 33°45′48″。从这里算起，澜沧江的长度是 4 909 千米。

澜沧江源区，河网纵横，水流杂乱，湖沼密布，流经的地区有险滩、深谷、原始林区、平川，这里地形复杂，冰峰高耸，沼泽遍布，景致万千。气候具有寒冷、干燥、风大、辐射强、冷季漫长、无绝对无霜期等特点。年平均气温一般在 0℃ 以下，降水空间分布由东南向西北递减，流域东部年平均降水量 500 毫米以上，西部年降水量在 250 毫米左右。年内降水分布具有冷季少、暖季多的特点。

澜沧江是国际河流，在东南亚称为湄公河。湄公河哺育了两岸的人民，带来了丰富的农、林、牧、渔资源。

澜沧江－湄公河流域总面积约81万平方千米，地处东南亚、南亚和中国西南的结合部，是连接东南亚和中国的陆路桥梁。这一地区经济和社会发展相对落后，但与中国进行经贸合作的潜力巨大。1994年，中国政府成立了"国家澜沧江－湄公河流域开发前期研究协调组"。2000年4月，中国、老挝、缅甸、泰国四国正式签署了《澜沧江－湄公河商船通航协议》，2001年4月正式通航。在整个澜沧江－湄公河流域，生活着各族人民。由于流经区域具有独特的气候特点和地理条件，澜沧江－湄公河水系孕育了世界上最丰富的淡水鱼类生态系统。整个流域已知鱼类多达1 700多种，鱼类多样性在世界大江大河排名中名列第二，仅次于亚马孙河流域。2000年，世界野生动物基金会把澜沧江－湄公河流域确定为世界上最重要的淡水鱼类生态区域之一。澜沧江－湄公河的鱼类资源对整个流域内生活的人民的生计至关重要，是他们生活的主要来源。澜沧江－湄公河流域淡水鱼类年捕获量高达180万吨，为世界上最大的内河淡水渔业。

基本小知识

《澜沧江－湄公河商船通航协议》

澜沧江－湄公河是亚洲唯一的一江连六国的国际河流。自古以来，这条"东方多瑙河"就是一条天然纽带、民族走廊、经济通道，把中国西南和东南亚的社会经济文化紧密联系在一起。中国、老挝等国政府把航运开发作为该流域资源开发的启动项目，并于1993年2月组成联合考察团对上湄公河航运进行联合考察，一致认为应将航运开发放在湄公河国际合作开发的优先位置，并提出了应尽快签订通航协议和进行上湄公河航道整治等建议。

澜沧江－湄公河丰富的鱼类资源中包括目前已经高度濒危的鲶鱼，伊洛瓦底江豚，以及其他极具商业价值的常见鱼类：倒刺鱼、淡水鲨、黄貂鱼、面瓜鱼、红尾巴鱼等。除此之外，该流域还有其他丰富的水生物种（例如暹逻鳄、淡水龟、蚌类等）以及大量以鱼类为生的水鸟。区域内大部分人直接或间接地以鱼类资源为生，同时鱼类资源也是增加家庭收入的主要来源。以柬埔寨为例，全国人民 80% 以上的蛋白质摄入都来自湄公河的鱼类资源。

澜沧江水系主要由干流和众多的支流组成，流域面积大于 100 平方千米的支流有 138 条，流域面积大于 1 000 平方千米的支流有 41 条，较大的支流一般分布在上游和下游。一般支流较短，多为 20～50 千米，落差特别大，一般在 2～3 千米。主要支流有子曲、昂曲、盖曲、麦曲、金河、漾濞江、西洱河、罗闸河、小黑江、威远江、南班河、南拉河等。澜沧江支流特点是落差大、水资源丰富，上中游降水量少，有雪水补给，水量稳定，下游地处热带、亚热带气候区，降水量大，水量充沛，但缺乏调节的水库，以引水式开发为主。

昂曲是澜沧江最大的支流，发源于青海省唐古拉山北麓瓦尔公冰川，海拔5 664米。向南流入西藏自治区巴青县称松曲，又东流入青海省称解曲，转东南流入囊谦县吉曲乡 8 千米后进入西藏，称昂曲，改向偏南在昌都汇入澜沧江。河长约500 千米，流域面积16 774 平方千米，落差1 898 米，多年平均流量 186 立方米/秒。

漾濞江是澜沧江在云南境内最大的支流，澜沧江第二大支流，全长约334 千米，落差1 402 米，流域面积 11 970 平方千米，河口多年平均流量为155 立方米/秒。

◐ "英国的摇篮" ——泰晤士河

如同中华儿女将黄河视为自己的"母亲河"一样，泰晤士河也被英国人视为"英国的摇篮"，因为它在英国历史上起到了重要的作用。这一点，看看人们对泰晤士河的评价就知道了。现在的英国人说没有泰晤士河就没有伦敦，而英国作家丁·皮尔则说"泰晤士河造就了英国历史的精华"。

泰晤士河全长400 多千米，流域面积有 1.5 万平方千米，是英国人坐船到大西洋的方便通道。泰晤士河发源于英格兰的科茨沃尔德山，从西往东穿过了牛津和伦敦等众多文化名城，流域面积13 000 平方千米，在伦敦下游河面变宽，形成一个宽度为 29 千米的河口，最后在诺尔岛注入北海，是英国最长的河流。

　　泰晤士河河流水量稳定，冬季流量较大，很少结冰。由于河口濒临北海和大西洋，每逢海潮上涨，潮水顺着漏斗形的河口咆哮而入，一直上溯到伦敦以上很远的地方。人们为了防止涌潮淹没伦敦，在伦敦桥下游13千米处，兴建了泰晤士河拦潮闸工程。泰晤士河通航里程280千米，海轮可乘海潮直抵伦敦。沿河架有多座公路桥和铁路桥，其中伦敦塔桥是世界上最著名的桥梁之一。另外还有许多运河与其他河流相通。

泰晤士河上的伦敦塔桥

　　英国人没有夸张，他们对泰晤士河的评价是中肯的，因为泰晤士河的确是一条阅尽了英国历史沧桑的大河。坐船沿着泰晤士河旅游，就如同进入了时间隧道，一路看去都是英国的历史名城。泰晤士河两岸的旅游胜地让人目不暇接。如果从泰晤士河河口逆流而上，首先看到的就是有着悠久历史的格林尼治，那里有举世闻名的古天文台。除此之外，格林尼治还有英国国家海军学院，每年这里都要为皇家海军培养大量优秀的海军军官。沿着泰晤士河继续往前走，就能看见泰晤士河上的第一座桥梁——塔桥。这座桥是英国首都伦敦的标志。往西的不远处便是伦敦市区。一旦到了伦敦市区，坐在船上就会看见鳞次栉比的现代高楼大厦和古老的皇家宫殿，这些建筑物并列在一起并不显得不和谐，反而体现出了一种古今融合的感觉。

圣保罗大教堂

沿着河岸，英国的一些著名建筑依次闯入你的眼帘：伦敦塔、索思瓦克大教堂和圣保罗大教堂等古建筑倚水而立，向游人们展示着它们各有千秋的艺术风格。其实，泰晤士河最美丽的景色都集中在了晚上。

你知道吗

格林尼治

格林尼治，英国大伦敦的一个区，位于伦敦东南、泰晤士河南岸。1675～1948年，在此设皇家格林尼治天文台。1884年，在华盛顿召开的国际经度会议决定以经过格林尼治的经线为本初子午线，也是世界上计算时间和地理经度的起点。第二次世界大战后，天文台已迁往东南沿海的赫斯特蒙苏，其原址已改为海军学院、国家海洋博物馆等。目前，该地仍有一座刻着格林尼治零度子午线的铜碑。

泰晤士河不仅是一条景色优美的河，还是一条航运繁忙的河。伦敦能在2 000多年前就成为欧洲大陆的水运枢纽，就得益于在它旁边静静流过的泰晤士河。英国与海外及内陆腹地的经济联系也全靠这条河流。直到今天，泰晤士河仍在英国的商贸业上发挥着举足轻重的作用。

对世界上许多爱好旅游的人来说，泰晤士河旅游上的吸引力远远超过其经济上的吸引力。泰晤士河一直是文人墨客歌唱赞美的一条河，因此它所包含的深厚的人文底蕴使得它更加与众不同。

澳大利亚最大的河流——墨累－达令河

澳大利亚是一个河流稀少的国家，或许是老天爷的眷顾，它才有一条世界闻名的河，那就是墨累－达令河。这条河是澳大利亚最大的河流，也是澳大利亚唯一一个发育完整的水系。

墨累－达令河

源出于新南威尔士州东南部派勒特山的墨累－达令河全长3 750千米，流域面积105万多平方千米，是一条跨越澳大利亚的巨大河流。从河源出发后，墨累－达令河先向西流，然后向西北方向流去，形成了新南威尔士州和维多利亚州的天然分界线；在流过著名的休姆水库后，墨累－达令河抵达了澳大利亚南部的摩根，这时的墨累－达令河便向南流经亚历山德里娜湖，最后汇入到印度洋中。

墨累－达令河虽然是一条流域面积特别广的河流，但是它的有效集水面积却很小。有人曾经做过测算，结果测出其集水面积不足40万平方千米。

同世界上许多大河一样，由于墨累－达令河的流域面积特别广，因此它的支流也特别多。据统计，墨累－达令河是由数十条大小不一的支流组成的。除了最大的支流达令河之外，墨累－达令河的其他主要支流有拉克伦河、马兰比吉河、米塔米塔河、奥文斯河、古尔本河和洛登河等。

墨累－达令河流域同样有着极为发达的农业经济，这些农业经济主要集中在墨累河谷中。墨累河谷是澳大利亚重要的农业产区，出产大量小麦和米酒。除了农业之外，墨累河谷的畜牧业也极为发达，澳大利亚之所以被称为"骑在羊背上的国家"，与这里盛产牛羊肉和奶制品有着密切的关系。

　　为了有效地利用墨累－达令河的水利资源，澳大利亚在1915年成立了专门的墨累－达令河委员会，负责开发和组织利用墨累－达令河的水利资源。他们在河上修建了许多水库，这些水库主要包括：墨累－达令河上的休姆水库、维多利亚湖水库和梅宁水库。由于有了这些水库，以往由于流程太长，加上蒸发量过多而导致的河流水量不大的问题得到了部分解决。据统计，现在的墨累－达令河年平均流量已经有每秒700多立方米，年平均径流总量达到了236亿立方米。

拓展阅读

达令河

　　达令河是墨累－达令河最长的支流，上源塞文河源出新英格兰山脉西麓，为昆士兰、新南威尔士两州界河。向西流，转向西南穿越新南威尔士州，在文特沃思注入墨累河。全长约2 740千米。流域面积约64万平方千米。它的重要支流有右岸的巴朗河、沃里戈河等。水量季节变化大。自伯克以下，河道坡降平缓，沿河有多处水利灌溉设施。

大地的眼睛——湖泊

中国古代诗人说："水是眼波横，山是眉峰聚"，"云山已作娥眉浅，山下碧流清似眼"，将湖泊河川比作人的眼睛；巧得很，外国诗人也亲切地把湖泊称作"大地的眼睛"。尽管湖泊有各种形状，长的、圆的、椭圆的、月牙形的，但是如果站在高处俯瞰，它们真仿佛是大地的眼睛，充满智慧、生机和灵气的大地之眼。湖泊是流域物质的最终储存库，其沉积物忠实地记录了湖区各种气候和环境变化的信息。本章将带领你去领略各种有特色的湖泊的风采！

"酸"湖和"火"湖

"酸"湖位于意大利西西里岛。该湖湖底有两个神秘的喷泉，源源不断地向湖中喷吐出腐蚀性极强的酸性泉水。在这个湖里，不仅普通的微生物难以生存，就连失足掉进湖中的动物也会很快被这酸性湖水腐蚀而死。

月色下的"火"湖

拉丁美洲西印度群岛的大巴哈马岛上有一个水光潋滟的湖泊叫"火"湖。每当静静的夜晚，人们泛舟湖上，就会看到起落的船桨溅起万点火光，船的四周也闪烁着美丽的火花。倘若你用力用船桨拍打湖面，就会激起更多的火星，间或有一条浑身闪耀着火花的鱼儿跃出湖面，随即又落入水中，金花飞舞，融汇成一幅神秘诱人的奇观。原来，湖水中生长着无数的"甲藻"，"甲藻"含有荧光素和荧光酵素。湖水一被搅动，荧光素和荧光酵素就会与空气结合，产生氧化作用，发出五光十色、绚丽多彩的火花。

"五层"湖

巴伦支海的基里奇岛上有个名叫麦其里的湖，它由浅到深有 5 层水，水质各不相同。最下面的一层水饱含硫化氢，里面除了能在严重缺氧的条件下生存的某些细菌外，没有其他的任何生物。倒数第二层水呈深红色，这种颜色是由湖底漂升起来的细菌造成的。倒数第三层是透明的咸水，里面生活着大量的海藻、海葵、海星、海鲈鱼和鳕鱼，但它们不能游到下面的水层中去，因为那里有足以使它们致命的硫化氢。而倒数第四层水微咸偏淡，同样不适合上述海洋生物的生存。在这层水中生活着海蜇、某些淡水鱼类以及一些能在淡水中生活的海洋生物。最上面的一层则是标准的淡水，水中生息和繁衍着各种淡水鱼和其他淡水生物。

拓展阅读

海　星

　　海星是海生无脊椎动物的统称，非属鱼类。体扁，星形。现存约 1 800 种，见于各海洋，太平洋北部的种类最多。海星腕中空，有短棘和叉棘覆盖；下面的沟内有成行的管足（有的末端有吸盘），使海星能向任何方向爬行，甚至可以爬上陡峭的平面。低等海星取食沿腕沟进入口的食物粒。高等种类的胃能翻至食饵上进行体外消化，或整个吞入。内骨骼由石灰骨板组成。海星通过皮肤进行呼吸，腕端有感光点。多数雌雄异体，少数雌雄同体；有的进行无性分裂生殖。

➡ “石油”湖

“石油”湖

　　号称“石油王国”的委内瑞拉有个著名的“石油”湖——马拉开波湖。该湖面积达 14 000 多平方千米，深 1 500 多米，蕴藏着丰富的原油，占全国石油储量的 25%。每天，原油源源不断地从湖底沥青裂缝中喷涌出来，日产量高达 200 多万桶，占全国石油产量的 80%，真是名不虚传的“油库”。从烟波浩渺的湖面望去，但见井架林立，油塔成群，湖中的注气站屹立在万顷碧波之中，那三层高的钢筋水泥建筑物不断从地下抽取天然气，再注回地下，用来提高油层，保障稳产、高产。马拉开波湖真是一个名副其实的"石油"湖。

"沥青" 湖

在拉丁美洲的特立尼达岛西南部，有一个天然的"沥青"湖。这个湖约有 0.44 平方千米，湖面呈暗灰色，里面全是优质沥青。有人曾在湖心向下钻探了 90 多米，取出来的还是沥青。100 多年来，人们每天从湖中开采出三四十吨沥青，但新的沥青仍不断地从湖底涌上来，所以湖面一点儿

你知道吗

沥 青

沥青是由不同分子量的碳氢化合物及其非金属衍生物组成的黑褐色复杂混合物，呈液态、半固态或固态，是一种防水防潮和防腐的有机胶凝材料。用于涂料、塑料、橡胶等工业以及铺筑路面等。

也没有下降。这里的沥青质地优良，用它铺设的马路被人们誉为"灰色闪光马路"，特别适合车辆在夜间行驶。英国首都伦敦到伯明翰的一号公路，就是用这个湖的天然沥青铺成的。有趣的是，这个奇妙的"沥青"湖还是一个天然的历史博物馆。在开采中，人们挖掘到很多史前动物的骨骼和牙齿、古代印第安人使用的武器和各种用具，以及多种鸟类化石。

"天然气" 湖

在刚果（金）和卢旺达交界的地方，有个基伍"天然气"湖。该湖面积约 2 500 平方千米，极其丰富的天然气就溶解在这茫茫的湖水之中。据专家们估计，基伍湖的天然气蕴藏量不会少于 500 亿立方米。这在世界性能源日趋紧张的今天，真是一笔可观的财富。

"硼砂"湖

特亚斯柯敦湖在南美的智利，是个闻名遐迩的"硼砂"湖。该湖湖面宽约 40 千米，远远望去，白茫茫一片。湖面上结着厚厚的一层硬壳，状似巨大的浮冰。原来，那是纯度极高的硼砂。"硼砂"湖给智利提供了除铜和硝石之外的又一丰富的矿产资源。

广角镜

硼砂

硼砂也叫粗硼砂，是一种既软又轻的无色结晶物质。硼砂有着很多用途，如我们熟悉的消毒剂、保鲜防腐剂、软水剂、洗眼水、肥皂添加剂、陶瓷的釉料和玻璃原料等都有硼砂的成分。在工业生产中硼砂也有着重要的作用。

"药泥"湖

在风光旖旎的黑海之滨，有个泰基尔吉奥尔湖，它的面积约多 1 000 多公顷，能生产一种奇特的药用黑泥。该湖含盐量比一般的海水高出 6 倍多，水里生存和栖息着 150 多种动植物。这些动植物在湖水中生长、繁殖、死亡、腐烂，最后沉积在湖底，形成了厚厚的黑泥层。黑泥中含有丰富的碘、钠、钾、铁、钙等矿物质。很多来自西欧、北美的患者们，跋山涉水，远道来此接受药泥治疗。他们通常用黑乎乎的湖泥涂满全身，然后躺在沙滩上做日光浴，或将湖泥加水拌成泥浆在里面浸泡。据说，这种药泥能治疗多种疾病，对顽固性皮肤病效果更佳。

新疆天池

新疆天池位于新疆阜康县境内的博格达峰下的半山腰，东距乌鲁木齐约 110 千米，海拔 1 980 米，是一个天然的高山湖泊。湖面呈半月形，长 3 400 多米，最宽处约 1 500 米，面积约 4.9 平方千米，最深处约 105 米。湖水清澈，晶莹如玉。四周群山环抱，绿草如茵，野花似锦，有"天山明珠"的盛誉。挺拔苍翠的云杉、塔松，漫山遍岭，遮天蔽日。

新疆天池

天池东南面就是雄伟的博格达（蒙古语"博格达"，意为灵山、圣山）主峰，海拔约 5 445 米。主峰左右又有两峰相连。抬头远眺，三峰并起，突兀插云，状如笔架。峰顶的冰川积雪，闪烁着皑皑银光，与天池澄碧的湖水相映成趣，构成了高山平湖绰约多姿的自然景观。

天池属冰碛湖。科学工作者认为：第四纪冰川以来全球气候有过多次剧烈的冷暖运动，20 万年前，地球第三次气候转冷，冰期来临，天池地区形成了颇为壮观的山谷冰川。冰川挟带着砾石，循山谷缓慢下移，强烈

趣味点击 天 池

在我国有数十处高山湖泊，被人们形象地称为"天池"，如长白山天池、新疆天池、四川华蓥天池、云南碧沽天池、北京燕山天池、青海孟达天池、广西八仙天池、内蒙古阿尔山天池、贵州遵义播雅天池等，其中吉林长白山天池、新疆天山天池、青海孟达天池和四川华蓥天池又被称为中国"四大天池"。

地挫磨刨蚀着冰床，对山谷进行挖掘、雕凿，形成了多种冰蚀地形。天池谷遂成为巨大的冰窖，其冰舌前端则因挤压、消融，融水下泄，所挟带的岩屑巨砾逐渐停积下来，成为横拦谷地的冰碛巨垅。其后，气候转暖，冰川消退，这里便潴水成湖，形成今日的天山天池。

由于山高路险，唯有胆大志坚而又精于骑术的人才能探游天池。新疆解放后，人民政府专门拨款修筑了直达天池的盘山公路，并在湖畔建起别致的亭台水榭、宾馆餐厅以及其他旅游设施，向中外游人开放了这块闻名遐迩的游览胜地。

天池现在不仅是中外游客的避暑胜地，而且已成为冬季理想的高山溜冰场。每到湖水结冻时节，新疆或其他省区的冰上体育健儿就聚集在这里进行滑冰训练和比赛。环绕着天池的群山，雪山上生长着雪莲、雪鸡，松林里出没着狍子，遍地长着蘑菇，还有党参、黄芪、贝母等药材。山壑中有珍禽异兽，湖

天池水

区中有鱼群水鸟，众峰之巅有现代冰川，还有铜、铁、云母等多种矿物。天池一带如此丰富的资源和奇特的自然景观，对于野外考察的生物、地质工作者们，有着魅人的吸引力。新疆天池于 1982 年被列为国家重点风景名胜区。2007 年，新疆天山天池风景名胜区经国家旅游局正式批准为国家 5A 级旅游景区。

知识小链接

贝　母

　　贝母为多年生草本植物，其鳞茎供药用，有止咳化痰、清热散结之功。贝母"家族"按产地和品种的不同，可分为川贝母、浙贝母和土贝母三大类。

碧沽天池

云南省丽江市中甸县小中甸乡联合村海拔 3 500 米的碧沽牧点中有一片面积 0.21 平方千米的湖泊，平均水深只有 1.62 米，最深处大约也只有 3 米，湖虽不大，也不深幽，但呈现出奇异的静和奇异的清。这片清澈澄明的湖水，仿佛就是其周遭那个多姿多彩的花草树木的世界所捧出的纯洁的心魂。碧沽天池藏语称"楚璋"，意为小湖。因地处碧沽牧点，遂取名为碧沽天池。

碧沽天池

湖周围 30 多平方千米的地方被原始森林覆盖，树木高大挺拔，多为云杉和冷杉。这茂密苍翠的森林涌动着大自然极旺盛的生命力，在其怀抱中的清水湖泊安宁娴静，远离纷扰，永不干涸。森林围护着它，净化着它。

湖畔周围长满了杜鹃林，多是黄杜鹃、红杜鹃和白杜鹃，花冠硕大，色泽鲜艳。花期在 6 月中旬~7 月底，值此时节，湖畔群花争艳，艳丽无比。湖北

拓展阅读

杜 鹃

杜鹃，中国十大名花之一。在所有观赏花木之中，称得上花、叶兼美，地栽、盆栽皆宜，用途最为广泛。白居易赞曰："闲折二枝持在手，细看不似人间有，花中此物是西施，鞭蓉芍药皆嫫母。"在世界杜鹃花的自然分布中，种类之多、数量之巨，没有一个能与中国杜鹃花匹敌。

面的缓坡上有近百亩的樱草杜鹃，花色呈紫红或粉红。花期在 5 月下旬～6 月下旬，樱草杜鹃树干奇小，随地衍生，色泽浓郁，并有淡淡清香。人行其间，宛若信步于彩毯间，阵阵幽香扑鼻而来，让人有超凡脱俗的感觉。湖的南面是沼泽区，水草丛主，野鸟云集，是黄鸭、麻鸭、黑颈鹤等水禽的理想栖地。湖心有一个呈椭圆形的小岛，岛上多为杜鹃花树，每年6～9 月间有成群的黄鸭栖于此。

➡ 长白山天池

长白山天池又称白头山天池，坐落在吉林省东南部，是中国和朝鲜的界湖，湖的北部在吉林省境内。长白山位于中、朝两国的边界，气势恢弘，资源丰富，景色非常美丽。在远古时期，长白山原是一座火山。据史籍记载，自 16 世纪以来它共爆发了 3 次，火山爆发喷射出大量熔岩，在火山口处形成盆状，时间一长，积水成湖，便成了现在的天池。而火山喷发出来的熔岩物质则堆积在火山口周围，成了屹立在四周的 16 座山峰，其中 7 座在朝鲜境内，9 座在我国境内。这 9 座山峰各具特点，形成奇异的景观。

基本小知识

熔　岩

熔岩，是已经熔化的岩石以高温液体状态呈现，常见于火山出口或地壳裂缝。虽然熔岩的黏度是水的 10 万倍，但它也能流到数里以外后才冷却成为火成岩。

天池虽然在群峰环抱之中，海拔只有 2 154 多米，但它却是我国最高的火山口湖。它大体上呈椭圆形，南北长约 4.85 千米，东西宽约 3.35 千米，面积约9.82 平方千米，周长约13.1 千米。水很深，平均深度约204 米，最深处约373 米，是我国最深的湖泊，总蓄水量约20 亿立方米。

天池的水从一个小缺口上溢出来，流出约 1 000 多米，从悬崖上往下泻，就形成著名的长白山大瀑布。大瀑布高达 60 余米，很壮观，距瀑布 200 米远都可以听到它的轰鸣声。大瀑布流下的水汇入松花江，是松花江的一个源头。在距长白山大瀑布不远处还有长白山温泉，这是一个分布面积达 1 000 平方米的温泉群，共有 13 眼向外喷涌。

天池除了水之外，就是巨大的岩石。天池水中原本无任何生物，但近几年，天池中出现一种冷水鱼——虹鳟鱼。此鱼生长缓慢，肉质鲜美，来长白山旅游能品尝到这种鱼，也是一大口福。

▶ 五大连池

五大连池是我国名湖，位于黑龙江五大连池市境内，是国家重点自然保护区和重点风景名胜区。1719 ~ 1721 年因火山熔岩堵塞白河河道，形成的 5 个相连的火山堰塞湖，面积约 26.2 平方千米。周围 14 座处于休眠状态的火山，大面积石灰熔岩，形成五大连池火山群，素有"火山公园"的称誉。五大连池景色壮丽，风光奇特秀丽。巍峨耸立的火山群环抱着碧波荡漾的火山堰塞湖，嶙峋起伏的石灰熔岩，就像汹涌澎湃的石海。近看却是怪石丛立，千姿百态，形态绝妙。夏季五大连池气候清凉，树木葱郁，花草芬芳，湖光山色，融成一体，是著名的旅游胜地。

▶ 十六条瀑布组成的湖泊

位于巴尔干半岛的克罗地亚普利特维采湖是由 16 条互相连接的瀑布组成，于 1979 年被列入联合国教科文组织世界遗产。当地森林生活着鹿、野猪、熊、狼和一些稀有的鸟类。其有着深邃多变的颜色，湖水的颜色从天蓝色到绿色，由灰色渐变到蓝色。颜色的变换由水中的矿物、有机物的含量以及光的入射角度等共同决定的。

遍布喷气孔的湖泊——沸水湖

沸水湖位于多米尼加的世界文化遗产——莫尔纳特鲁瓦皮斯通斯国家公园，距离多米尼加首都罗索约 10.5 千米。沸水湖的跨度大约是 60 米，遍布着一些出气孔。水下涌起的水蒸气使湖面翻滚着灰蓝色水泡，正如其名，沸腾的湖泊。

沸水湖

红白双色湖——红湖

红　湖

玻利维亚西南部（接近与智利的边界处）有一片红白相间的浅滩咸水湖，这就是著名的红湖。湖中的硼砂组成白色小岛屿，散布在富含红色藻类红色的湖面上，构成一道美丽的风景线。

五彩美艳的胜景——五花海

五花海位于我国九寨沟国家公园。它位于海拔 2 472 米处，珍珠滩瀑布之上，熊猫湖的下部。湖面整体呈绿松色，不同区域，颜色变换从黄色到绿色，又到蓝色，展现出湖水五彩的美艳。

⏣ 地球上最低的水域——死海

死海是位于以色列西海岸与约旦东海岸，沿着约旦大裂谷分布的咸水湖，18千米宽，67千米长，湖水由约旦河注入。最低处位于海平面以下420米，是地球水域的最低点，同时平均330米的水深，也使其成为世界上最深的湖之一。湖水含盐量为30%，为海水盐分的8.6倍，仅次于吉布提的

趣味点击 矿物质

矿物质（又称无机盐）是人体内无机物的总称，是地壳中自然存在的化合物或天然元素。矿物质和维生素一样，是人体必须的元素。矿物质是无法自身产生、合成的。每天矿物质的摄取量也是基本确定的，但随年龄、性别、身体状况、环境、工作状况等因素矿物质的摄取量又有所不同。

阿萨勒湖，居世界第二。荒凉的环境鲜有生物，船只也无法在死海航行。

死海很久以前就已经吸引了众多的地中海游客。死海是世界上最早的疗养地，湖中大量的矿物质具有一定的安抚、镇痛效果。

⏣ 世界上最深最古老的湖——贝加尔湖

素有"西伯利亚之眼"的贝加尔湖位于俄罗斯西伯利亚南部，总水量比北美五大湖的总和还要多。1 637米的深度也使其荣登世界上深湖的宝座。湖泊沿着远古地壳的裂纹分布，总体呈现月牙状，面积约为31 500平方千米，比苏必利尔湖和维多利亚湖都要小。贝加尔湖

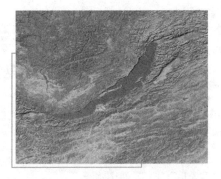

贝加尔湖

拥有 1 700 多种动植物，其中 2/3 属当地特有。2.5 亿年的寿命也使其成为世界最古老的湖泊。

被誉为"珍奇海洋博物馆"的贝加尔湖，独有的动植物种类最多，在 2 600 多个物种中，有 3/4 的物种，96 个属的物种是该湖独有的。如贝加尔湖海豹、鲨鱼、海螺等，湖底还生长着海绵丛林，有一种龙虾就躲在丛林中。贝加尔湖海豹个头小，雌雄性都是大约 120 厘米长，体色为暗银灰色。贝加尔湖海豹与其北极的亲属一样，雌性也在冬天产仔，哺乳于冰上雪穴之中。海豹在贝加尔湖的出现，可以说是一件最令人不解的事情，查阅地质资料，贝加尔湖所在的中西伯利亚高原，5 亿多年内不曾被海水淹没过。经分析，贝加尔湖纯属淡水湖，美国科学家归纳了学者们的见解，提出了"外来"说，即贝加尔湖的海洋动物是从海而入，并称贝加尔湖为"西伯利亚的神海"。生物学家推测，贝加尔湖海豹的祖先来自遥远的北冰洋，它们进入叶尼塞河，逆流游泳约 2 400 千米，学会了吃完全不同的食物，生存于一个异常的环境里，因为从目前地理学角度上来看，只有这一出口到达海洋。

你知道吗

海螺

海螺属软体动物腹足类。它产于沿海浅海海底。海螺贝壳边缘轮廓略呈四方形，大而坚厚，壳高达 10 厘米左右，螺层 6 级，壳口内为杏红色，有珍珠光泽。螺肉丰腴细腻，味道鲜美，素有"盘中明珠"的美誉。它富含蛋白质、维生素和人体必需的氨基酸和微量元素，是典型的高蛋白、低脂肪、高钙质的天然动物性保健食品。

贝加尔湖海豹

另外在科考期间，中国科学家曾意外捕获一条通体呈半透明的小鱼——胎生贝加尔湖鱼。

中科院动物研究所鱼类专家说，胎生鱼的特殊之处在于母鱼在繁殖期产出体外的不是鱼卵，而是可以自由活动捕食的幼鱼。在全世界已知的鱼类中，胎生鱼所占的比例非常小。

俄罗斯科学家介绍说，胎生贝加尔湖鱼生活在水面以下50～1 500米，广泛分布在贝加尔湖除湖岸附近的各个水域，是环斑海豹、秋白鲑等动物的主要食物。科学家认为，这类鱼是在贝加尔湖冰冷的湖水中经过长期进化而来的，但是，它们从卵生鱼变为胎生鱼的具体原因和时间仍然是个未解之谜。

贝加尔湖还有一种美丽的孔雀蛱蝶。它翅膀展开有53～63毫米，体背黑褐，背部有棕褐色短绒毛。触角棒状明显，端部灰黄色。翅呈鲜艳的朱红色，翅反面是暗褐色，并密布黑褐色波状横纹。翅上有孔雀羽般的彩色眼点，似乎在警戒他人不要靠近。蛱蝶与其他种类的蝴蝶有一个很大的区别，即蛱蝶的前足退化无爪，不再使用，因而人们常常误解蛱蝶只有两对足，而实际上它的前足隐藏在胸前，需要小心的拨开胸部的绒毛才能看清。

知识小链接

触　角

触角是昆虫重要的感觉器官。主要有嗅觉和触觉作用，有的还有听觉作用，可以帮助昆虫进行通讯联络、寻觅异性、寻找食物和选择产卵场所等活动。

◎▶世界上最高可驶船的湖——的的喀喀湖

的的喀喀湖位于玻利维亚和秘鲁两国交界的科亚奥高原上。它是南美洲地势最高、面积最大的淡水湖，也是世界最高的大淡水湖之一，还是世界上海拔最高的大船可通航的湖泊，是南美洲第二大湖（仅次于马拉开波湖），被称为"高原明珠"。的的喀喀湖海拔高而不冻，处于内陆而不咸。湖面海拔达3 821米，湖水面积约8 300平方千米，平均水深140～180米，最深处约280

的的喀喀湖

米。平均水温约 13℃。湖中有日岛、月岛等 51 个岛屿，大部分有人居住，最大的岛屿的的喀喀岛有印加时代的神庙遗址，在印加时代被视为圣地，至今仍保存有昔日的寺庙、宫殿残迹。的的喀喀湖区是印第安人培植马铃薯的原产地，印第安人一向把的的喀喀湖奉为"圣湖"。周围群山环绕，峰顶常年积雪，湖光山色，风景十分秀丽，是著名的旅游胜地，的的喀喀湖沿西北－东南方向延伸，长约 190 千米，最宽处约 80 千米。狭窄的蒂基纳水道将湖体分为两个部分。湖水源于安第斯山脉的积雪融水。湖水从小湖流入德萨瓜德罗河流出，注入波波湖。的的喀喀湖东南的部分较小，在玻利维亚称维尼亚伊马卡湖，在秘鲁称佩克尼亚湖。西北的部分较大，在玻利维亚称丘奎托湖，在秘鲁称格兰德湖。从西岸秘鲁的普诺到南岸玻利维亚的瓜基之间有定期的班轮航运来往。瓜基到玻利维亚首都拉巴斯之间有铁路，普诺到太平洋沿岸之间也有铁路，是玻利维亚出海的重要通路。

🔎 地球上污染最严重的区域——喀拉海

俄罗斯西部的乌拉尔山脉南部，有着一个名为喀拉海的小湖泊。从 1951 年起，它被前苏联用于堆放从奥尔斯卡城附近玛雅卡的核处理厂产生的垃圾与核废料。国际核废料观测委员会曾指出该湖是地球上污染最严重的区域。当地的核

趣味点击　　**核污染**

核污染主要指核物质泄露后的遗留物对环境的破坏，包括核辐射、原子尘埃等本身引起的污染，还有这些物质对环境的污染后带来的次生污染，比如被核物质污染的水源对人畜的伤害。

辐射强度为4.44，而切尔诺贝利核电站泄露后周边的强度也只有5～12，可见其核污染的严重程度。

世界上最大的淡水湖群——北美五大湖

在美国和加拿大交界处，有5个大湖，这就是闻名世界的五大淡水湖。它们按大小分别为苏必利尔湖、休伦湖、密歇根湖、伊利湖、安大略湖。

五大湖总面积约245 660平方千米，是世界上最大的淡水水域。五大湖流域约为766 100平方千米，南北延伸近1 110千米，从苏必利尔湖西端至安大略湖东端长约1 400千米。湖水大致从西向东流，注入大西洋。除密歇根湖和休伦湖外水平面相等外，各湖水面高度依次下降。

五大湖是始于约100万年前的冰川活动的最终产物。现在的五大湖位于当年被冰川活动反复扩大的河谷中。地面大量的冰也曾将河谷压低。现在的五大湖是更新世后期该地区陆续形成许多湖泊的最后阶段。

五大湖群

苏必利尔湖是北美洲五大湖最西北、最大的一个，也是世界最大的淡水湖之一，是世界上面积仅次于里海的第二大湖。湖东北面为加拿大，西南面为美国。湖面东西长约616千米，南北最宽处约257千米，湖面平均海拔180米，湖水面积82 103平方千米，最大深度约405米，蓄水量1.2万立方千米。有近200条河流注入湖中，其中以尼皮贡和圣路易斯河为最大。湖中主要岛屿有罗亚尔岛（美国国家公园之一）、阿波斯特尔群岛、米奇皮科滕岛和圣伊尼亚斯岛。沿湖多林地，风景秀丽，人口稀少。苏必利尔湖水质清澈，湖面多风浪，湖区冬寒夏凉。季节性渔猎和旅游娱乐业为当地主要项目。蕴藏有多种矿物。有很多天然港湾和人工港口。主要港口有加拿大的桑德贝和美国的塔科尼特等。全年通航期约 8 个月。

　　休伦湖为北美五大湖中第二大湖。它由西北向东南延伸，长约 331 千米，最宽处 163 千米，湖面积约 59 570 平方千米。有苏必利尔湖、密歇根湖和众多河流注入。湖水从南端排入伊利湖。湖面海拔 176 米，最大深度约 229 米。东北部多岛屿。湖区主要经济活动有伐木业和渔业。沿湖多游览区。每年的 4 月初～12 月末为通航季节，主要港口有罗克波特、罗杰斯城等。休伦湖是第一个为欧洲人所发现的湖泊。

　　密歇根湖也叫密执安湖，在北美五大湖中面积居第三位，是唯一全部属于美国的湖泊。湖北部与休伦湖相通，南北长约 517 千米，最宽处约 190 千米，湖盆面积近 12 万平方千米，水域面积 57 757 平方千米，湖面海拔 177 米，最深处约 281 米，平均水深 84 米，湖水蓄积量 4 875 立方千米，湖岸线长 2 100 千米。有约 100 条小河注入其中，北端多岛屿，以比弗岛为最大。沿湖岸边有湖波冲蚀而成的悬崖，东南岸多有沙丘，尤以印第安纳国家湖滨区和州立公园的沙丘最为著名。湖区气候温和，大部分湖岸为避暑地。东岸水果产区颇有名，北岸曲折多港湾，湖中多鳟鱼和鲑鱼，垂钓业兴旺。南端的芝加哥为重要的工业城市，并有很多港口。12 月中旬～第二年 4 月中旬港湾结冰，航行受阻，但湖面很少全部封冻，几个港口之间全年都有轮渡往来。

　　伊利湖是北美五大湖的第四大湖，东、西、南面为美国，北面为加拿大。湖水面积约 25 667 平方千米。呈东北—西南走向，长约 388 千米，最宽处 92 千米，湖面海拔 174 米，平均深度 18 米，最深 64 米，是五大湖中最浅的一个，湖岸线总长 1 200 千米。底特律河、休伦河等众多河流注入其中，湖水由东端经尼亚加拉河排出。岛屿集中在湖的西端，以加拿大的皮利岛为最大。主要港口有美国的克利夫兰、阿什塔比拉等。沿湖工业区曾导致许多湖滨游览区关闭，20 世纪 70 年代末环境破坏得到控制。

　　安大略湖是北美洲五大湖最东和最小的一个，北为加拿大，南是美国，大致呈椭圆形，主轴线东西长约 311 千米，最宽处约 85 千米。水面约 19 554 平方千米，平均深度 86 米，最深 244 米，蓄水量 1 688 立方千米。有尼亚加拉、杰纳西、奥斯威戈、布莱克和特伦特河注入，经韦兰运河和尼亚加拉河与伊利湖连接。著名的尼亚加拉大瀑布上接伊利湖，下灌安大略湖，两湖落差99米。湖水由东端流入圣劳伦斯河。安大略湖北面为农业平原，工业集中在港口城市多伦多、罗切斯特等。港湾每年12月~第二年4月不通航。

该湖群地区气候温和，航运便利，矿藏丰富，是美国和加拿大经济最发达地区之一，也是旅游、度假的好地方。

◎ "呼风唤雨" 的湖

"呼风唤雨"一词，听起来实在有点飘渺。可是，在我国云南省高黎贡山的原始森林中，竟发现有这样的事情：这儿的林间小湖，平素湖面铁一般死静，水色黑绿，大风掀而不动。然而，只要湖畔有人大声说话，就会立即引起天色骤变，顿时下起雨来。话声越大，降雨越大；话声越长，雨时越长。降雨随话声作变，行停由人决定。这种奇特的湖，真可谓之"呼风唤雨"的湖。世界湖类，各有千秋。然而，像这样的奇湖，他处还不曾有。

◎ 中国最大的咸水湖——青海湖

青海湖位于青海省东北部。湖形呈椭圆形，东西稍长，周长300多千米，面积约4 583平方千米，湖面海拔319米，平均深度18米，最大水深约32.8米，是我国最大的内陆咸水湖。

湖中鱼的种类单纯。主要是裸鲤（俗称湟鱼），味美肉香，备受当地人民的喜爱。湖中有驰名中外的鸟岛、海西山、海心山和孤插山（三块石）等岛屿。其中鸟岛之上，水草丰美，吸引了大批候鸟来此栖息，素有"鸟的王国"之称。每年5~6月份，来自我国南方、东南亚、南亚的斑头雁、鱼鸥、棕头鸥、赤麻鸭、鸬鹚等11种鸟，在岛上做巢育雏。近年来，由于气候干燥，蒸发强烈，径流减小，导致水位下降，湖面缩小，原来的鸟岛已变成半岛。

青海湖水天一色，波光潋滟，流云雁影，倒映湖中，环境清幽，加之地势较高，气候格外凉爽，即使烈日炎炎的盛夏，日平均气温也只有 15℃ 左右，实为理想的旅游和避暑胜地。

知识小链接

棕头鸥

棕头鸥为省级保护动物，是一种中等体型的白色鸥。体型较小，头棕红色，背部浅灰，嘴、脚深红，腹部及各级飞羽纯白，趾间有蹼。每年 3 月下旬从南方迁至青海，常在湖泊、沼泽、草原湿地及环水的岛屿上栖息活动，以捕食鱼类和鱼加工后的剩余物为主要食物。棕头鸥有固定巢区，每年在青海湖鸟岛上产卵孵化育幼。

▶ 中国第一大淡水湖——鄱阳湖

鄱阳湖古称彭蠡泽、彭泽或彭湖，是中国第一大淡水湖，也是中国第二大湖（仅次于青海湖），位于江西省北部、长江南岸，介于北纬 28°22′~29°45′，东经 115°47′~116°45′。鄱阳湖上承赣、抚、信、饶、修五河之水，下接中国第一大河——长江。正常年份鄱阳湖流入长江的水量达 1 460 亿立方米，超过黄河、淮河和海河三河入海量的总量，是长江水流的调节器，水量和水质直接关系到长江中下游地区乃至全国的生态安全、粮食安全和用水安全。

鄱阳湖通常以都昌和吴城间的松门

鄱阳湖中的落星墩

山为界，分为南北（或东西）两湖。松门山西北为北湖，或称西鄱湖，湖面狭窄，实为一狭长通江港道，长 40 千米，宽 3～5 千米，最窄处约 2.8 千米。松门山东南为南湖，或称东鄱湖，湖面辽阔，是湖区主体，长 133 千米，最宽处达 74 千米。

湖区地处丘陵平原区，湖周群山环抱，自丘陵到平原渐次向湖区倾斜，形成堆积阶地和河流泛滥平原。丘陵沿湖周分布，高程 200～300 米，湖周以平原为主，高程 30～200 米，多由河谷平原和滨湖平原组成。

知识小链接

高　程

　　高程（标高）指的是某点沿铅垂线方向到绝对基面的距离，称绝对高程，简称高程。某点沿铅垂线方向到某假定水准基面的距离，称假定高程。"高程"是测绘用词，通俗的理解，高程其实就是海拔高度。在测量学中，高程的定义是某地表点在地球引力方向上的高度，也就是重心所在地球引力线的高度，因此地球表面上每个点高程的方向都是不同的。

鄱阳湖南北长 173 千米，东西最宽处 74 千米，平均宽 16.9 千米，湖岸线长 1 200 千米。湖口水位 21.71 米时湖面面积 3 283 平方千米，多年平均水位 12.86 米；最高水位 22.59 米出现在 1998 年 7 月 31 日，面积达 4 070 平方千米，蓄水量 300 亿立方米；最低水位 5.90 米出现在 1963 年 2 月 6 日，面积仅 146 平方千米，蓄水量 4.5 亿立方米。

鄱阳湖是一个季节性变化巨大的吞吐型湖泊，洪水期与枯水期面积、蓄水量差异悬殊。年内水位变幅在 9.79～15.36 米，绝对水位变幅达 16.69 米。每年春夏之交，湖水猛涨，水面迅速扩大，烟波浩渺；但到了冬季，湖水剧降，洲滩裸露，湖面仅剩几条蜿蜒的水道，形成"洪水一片、枯水一线"的景观。平水位时湖面高于长江水面，湖水北泄长江。经鄱阳湖调节，赣江等河流的洪峰可减弱 15%～30%，减轻了长江洪峰对沿岸的威胁。

"鄱阳湖畔鸟天堂，鸂鶒低飞鹤鹭翔；野鸭寻鱼鸥击水，丛丛芦苇雁鹄藏"。鄱阳湖是世界上著名的候鸟栖息地，是亚洲最大的候鸟越冬地，栖息着

310 多种湿地鸟类。每年秋冬季，来自西伯利亚、我国东北和新疆等地的候鸟成群结队地到鄱阳湖越冬。鄱阳湖区域还是森林鸟类的重要栖息地和越冬地。鸟类主要有白鹤、黑鹳、大鸨等国家一级保护动物；斑嘴鹈鹕、白琵鹭、小天鹅、雁、黑冠鹃隼、鸢、黑翅鸢、乌雕、凤头鹰、苍鹰、雀鹰、白尾鹞、草原鹞、白头鹞、游隼、红脚隼、燕隼、灰背隼、灰鹤、白枕鹤、花田鸡、小杓鹬、小鸦鹃、蓝翅八色鸫等国家二级保护动物。其中白鹤野外总数大约为 3 000 只，90% 在鄱阳湖越冬。白枕鹤野外大约有 5 000 只，其中 60% 在鄱阳湖越冬。

　　鄱阳湖为中国淡水渔业主要基地之一。鄱阳湖及其周围的青山湖、象湖、军山湖等数十个大小湖泊湖水温暖，水草丰美，有利于水生生物繁殖。产鱼类 100 余种，以鲤鱼为主，其次为青、草、鲢、鳙、贝、螺，另外鲚、银鱼也很著名。

　　鄱阳湖是长江江豚最重要的栖息地，江豚俗称江猪，是中国国家

鄱阳湖里的白枕鹤

二级保护动物，鄱阳湖的江豚数量在 300 ~ 500 头，占长江江豚数量的 1/4 ~ 1/3。随着长江水生生物生存环境的不断恶化，长江江豚数量每年以 6.4% 的速度减少。

　　沿湖盛产菱、芡、莲、藕、芦苇等。鄱阳湖平原为全国重要商品粮基地之一，盛产水稻、黄麻、大豆、小麦等。

　　鄱阳湖流域自古以来是中国经济较为发达的富裕地区之一，中国历史上很多杰出人物如徐稚、陶渊明、林士弘、刘恕、洪适、江万里、朱耷等曾在湖区生活。这里曾发生过许多历史事迹，如周瑜操练水师、朱元璋与陈友谅鄱阳湖水战、李烈钧在湖口发起"二次革命"等。

世界上第一大湖泊——里海

世界上第一大湖泊——里海，位于亚欧大陆腹部，亚洲与欧洲之间。里海的东北为哈萨克，东南为土库曼，西南为阿塞拜疆，西北为俄罗斯，南岸在伊朗境内，是世界上最大的湖泊，也是世界上最大的咸水湖，属海迹湖。整个海域狭长，南北长约1 200千米，东西平均宽度320千米。面积约386 400平方千米，相当全世界湖泊总面积的14%，比著名的北

里 海

美五大湖面积总和还大出51%。湖水总容积约76 000立方千米。里海湖岸线长约7 000千米。有130多条河注入里海，其中伏尔加河、乌拉尔河和捷列克河从北面注入，三条河的水量占全部注入水量的88%。里海中的岛屿多达50个，但大部分都很小。海盆大体上为北、中、南三个部分。

最浅的为北部平坦的沉积平原，平均深度4~6米。中部是不规则的海盆，西坡陡峻，东坡平缓，水深约170~788米。南部凹陷，最深处达1 024米，整个里海平均水深184米，湖水蓄积量达7.6万立方千米。海面年蒸发量达1 000毫米。数百年间，里海的面积和深度曾多次发生变化。

里海为沿岸各国提供了优越的水运条件，沿岸有许多港口，有些港口与铁路相连，火车可以直接开到船上轮渡到对岸。里海在这一地区交通运输网中以及在石油和天然气的生产中具有重大意义。其优良的海滨沙滩也是休闲的好去处。

🔘 地球上的 "天湖" ——纳木错

中国青藏高原是世界上咸水湖聚集区，星罗棋布的湖泊有 1 500 多个，海拔 5 000 米以上的有 70 多个。

纳木错

纳木错是藏语"天湖"的意思，比世界上最高的淡水湖——南美的的的喀喀湖还要高 900 多米。它位于西藏拉萨市以北的当雄、班戈两县之间。湖南面是雄伟壮丽的唐古拉山，北侧和西北侧是起伏和缓的藏北高原。湖面狭长，东西长约 70 千米，南北宽约 30 千米，面积约 1 940平方千米。

大约在距今 200 万年以前，地壳发生了一次强烈的运动，青藏高原大幅度隆起，岩层受到挤压，有的褶皱隆起，成为高山，有的凹陷下落，成了谷地或山间盆地。纳木错就是在地壳构造运动陷落的基础上，又加上冰川活动的影响形成的。早期的纳木错湖面非常辽阔，湖面海拔比现在低得多。那时气候相当温暖湿润，湖水盈盈，碧波万顷，就如同一片大海。后来由于地壳不断隆起，纳木错也跟着不断上升，加上在距今 1 万年以前，高原气候变得干燥，湖水来源减少，湖面就大大缩小了，湖泊则被抬升到现在的高度。现在湖面海拔 4 718 米，是世界上海拔最高、面积超过 1 000 平方千米的大湖。青藏高原的窝尔巴错，湖面海拔虽达 5 465 米，但窝尔巴错面积很小。南美洲的安第斯山虽有著名的高山湖——的喀喀湖，面积达 8 330 平方千米，但的的喀喀湖的海拔仅 3 821 米，比纳木错低将近 1 000 米。

纳木错的湖水来源主要是天然降水和高山融冰化雪，湖水不能外流，是西藏第一大内陆湖。湖区降水很少，日照强烈，水分蒸发较大。湖水苦咸，不能饮用，是我国仅次于青海湖的第二大咸水湖。

知识小链接

褶 皱

岩层在形成时，一般是水平的。岩层在构造运动作用下，因受力而发生弯曲，一个弯曲称褶曲。如果发生的是一系列波状的弯曲变形，就叫褶皱。

由于气候高寒，冬季湖面结冰很厚，至第二年 5 月份开始融化，融化时裂冰发出巨响，声传数里，亦为一自然奇景。纳木错的资源相当丰富，蕴藏着丰富的矿产，例如食盐、碱、芒硝、硼等，藏量均很大。湖中盛产鱼类，细鳞鱼和无鳞鱼成群结队在湖里游弋，主要是鲤科的裂腹鱼和鳅科的条鳅。这些鱼和平原地区的同类鱼不一样，是 200 万年以来，由这里原有的鱼类，随着地壳隆起，适应高原的特殊环境，逐步变异演化而来的。有些鱼还保留着头大尾短的原始特征。裂腹鱼一般可长到一两千克，大的可长到七八千克甚至几十千克。过去由于藏族没有吃鱼的习惯，湖鱼自生自灭，从不怕人，人近湖边，鱼儿纷纷游来。每当夏季，湖中的鱼群从湖泊深处游到湖边滩地、河口产卵时，往往随手即可抓获。

▶ 非洲最大的湖泊——维多利亚湖

维多利亚湖位于东非高原，大部分在坦桑尼亚和乌干达两国境内，一小部分属于肯尼亚。湖泊介于东非大裂谷及其西支之间，居裂谷间浅宽盆地的北部，湖盆是由于地面凹陷而形成的，所以维多利亚湖的成因与东非高原上的其他大湖是完全不同的。该湖的面积 69 400 平方千米，是非洲最大的湖泊，在世界淡水湖中，仅次于北美洲的苏必利尔湖而居世界第二。

维多利亚湖的轮廓略呈四边形，东西最大宽度为 240 千米，南北最大距离达 400 千米，湖岸线曲折，湖中多暗礁和岛屿，其中大多数分布在湖的北部，岛屿面积一般都不大，湖的南部岛屿较少，但一般为大岛。有许多河流注入维多利亚湖，流域面积达 20 万平方千米以上，湖水通过北面的维多利亚尼罗河流出，是白尼罗河的主要水源。维多利亚湖由于水面广、湖水深（平均深 40 米，最大深度 80 米），对周围的气候产生了一定影响。它使周围地区的气温有所降低，而降水量则有所增加。

维多利亚湖风光

这种现象在湖的北面和西面最为明显。良好的气候和平坦的地形促进了湖泊周围地区的经济发展和人口集聚，使这里成为非洲人口密度最大的地区之一。

维多利亚湖有 200 多种鱼类，以吴郭鱼属最具经济价值。湖岸四周景观多变，西南岸有 90 米高的悬崖，往西岸退为纸莎草与安巴奇树沼泽区，属卡盖拉河三角洲。北岸曲折多弯但平坦光秃，有一条狭长水道通卡韦朗多湾，该湾平均宽约 25 千米，向东延伸 64 千米到肯亚基苏木。乌干达的坎帕拉与恩德比位于北岸。东南角有斯皮克湾，西南角是艾敏帕夏湾。众多岛屿以斯皮克湾北面的乌凯雷韦岛最大，岛上有高出湖面 200 米、长满树木的丘陵，人口稠密。西北角有塞西群岛的 62 个岛，一些岛风景优美。

1858 年，英国探险家约翰·汉宁·斯皮克成为看见维多利亚湖的第一个欧洲人，当时他正和同伴理查德·伯顿为英国殖民当局寻找尼罗河的源头，并探索战略资源。斯皮克一看见如此宽广的水面，即认定他找到了尼罗河之源，他以当时的英国女王维多利亚命名了此湖。

著名的英国传教士兼探险家大卫·利文斯敦后来在探险中偏向西走而误入了刚果河流域，因此未能证实斯皮克的发现。最终美国探险家亨利·莫顿·斯坦利确认了斯皮克的发现，并做了环湖考察。在湖的北岸，他发现了利庞大瀑布。

目前，维多利亚湖的生态系统已逐渐恶化。自 19 世纪 50 年代起，尼罗河鲈鱼被引入湖中，原本是想增加湖区渔业的产出，但是这种鲈鱼给当地的生态系统造成了灾难性的影响——数百种当地物种自此灭绝。

尼罗河鲈鱼

尼罗河鲈鱼是世界上最具影响力的100种入侵物种中的一种，这种食肉性鱼吃食很凶猛。这种鱼上钩后，会不停地跳出水面，试图脱钩。尼罗河鲈鱼是躄盖鱼科的最大成员。尼罗河鲈鱼是非洲许多水域土生土长的大鱼。20世纪50年代，人们在克约伽湖放养了这种鱼，让尼罗河鲈鱼捕食当地渔民不捕的鱼类，这样鲈鱼就能长得更大且肉质会更鲜美。

原产于美洲热带的水葫芦被引进维多利亚湖后，这些水生植物聚集而生，影响了交通、捕鱼、水力发电和生活饮水。1995年，90%的乌干达沿岸都被这种植物阻塞。由于机械和化学办法似乎都不起作用，人们只好培育一种以水葫芦为食的象鼻虫并放到湖中，最终取得了良好的效果。

维多利亚湖水产丰富，是非洲最大的淡水鱼产区，年渔获量约12万吨，尤以非洲鲫鱼著名，众多渔村环湖分布。棉花、水稻、甘蔗、咖啡和香蕉广泛种植。1954年，当地修建了欧文瀑布水坝，使湖面水位逐渐提高，水坝提供了大量电力，并使该湖成为大水库。湖区是非洲人口最稠密的地区之一，沿湖80千米以内地区居住着数百万人。

欧洲中部最大的湖泊——巴拉顿湖

匈牙利的巴拉顿湖是欧洲中部最大的湖泊，位于布达佩斯西南约90千米处，包科尼山东南侧，是东北—西南走向断层形成的湖泊。巴拉顿湖以其诱人的湖光山色，成为世界上闻名的匈牙利游览胜地，匈牙利人自豪地把巴拉顿湖称为"匈牙利海"。

巴拉顿湖呈狭长条状，长为78千米，宽为1.5~15千米，面积达596平方千米，平均水深为4米，最深处有11米。巴拉顿湖湖水浅，容积小，湖水靠佐洛河和北岸入湖河流补给和调节。每年的4、5月间水位最高，9、10月间由于气温偏高，蒸发量大，湖水水位最低。巴拉顿湖湖水沿东岸希欧渠流入多瑙河。北岸的蒂哈尼半岛深深地伸入湖心，几乎把湖面分割成两半。半岛高出水面约百米，岛上道路崎岖，古木参天，景色幽静秀丽。蒂哈尼半岛是巴拉顿湖上景色最美的地方，从半岛顶端可眺望湖区全貌。

湖区北部受断层作用，湖岸陡降 3～4 米，南岸较宽广平坦，形成欧洲最长的水浅沙细的湖滨，是良好的天然浴场。湖水冬季封冻，冰厚 20～25 厘米，最厚达 75 厘米。夏季湖区气温较高，东岸最高气温 30～35℃，水温 26～28℃，夜间水温高于气温，但水温昼夜相差很少超过 2℃。从大西洋来的西风气流，

巴拉顿湖风光

有时越过山地直达湖面，使气温下降，产生暴风雨，平均每年有 15 个风暴日。湖中水产丰富，盛产鲤鱼。湖区气候宜人，湖水具有医疗价值，为夏季休养和沐浴胜地。沿岸观光游览城市有凯斯特海伊、希欧福克、巴拉顿菲赖德等。古老的蒂豪尼镇以博物馆和生物站吸引游客。20 世纪 70 年代以来，兴建大批水上运动场所和新式旅馆，游客每年超过 200 万人次。

夏天，成千上万的旅游者涌向这里，享受大自然给予的阳光和空气，巴拉顿湖水中含有大量矿盐，对人体大有裨益，湖水浮力又大，特别适于游泳。在景色秀丽的湖滨，建有许多饭店、疗养院和别墅等服务设施。夜幕降临时，五光十色的霓虹灯与湖水相映成趣，构成扑朔迷离的湖区夜景。

巴拉顿高地国家公园被称为小巴拉顿，1993 年它被列入国际野生水域名录。这里有巨大的沼泽地，共栖息着 230 种鸟类。在这里，游客可以看到既丰富多彩又充满祥和气氛的鸟类世界。巴拉顿的地貌特征是经过 2 万年的地壳运动形成的，可以追溯到冰河时代。无数次的地震使得沉积的地表变成了一个个盆地，盆地中不断聚集的雨水逐渐形成了湖泊和沼泽。风、雨及冰雪不断地侵袭将盆地分割开来，最终在 5 000～7 000 年前形成了巴拉顿湖。据考证，巴拉顿湖的北岸有 14 座火山，几千年来正是不断喷涌而出的火山岩堆积形成了富有特色的地貌特征。时间在火山岩中凝固了，山边被一股股凝固

的火山岩浆装饰成一个个巨大的"管风琴"。

北美洲第一大盐湖——大盐湖

　　大盐湖位于美国西部风华达山和瓦萨启山之间的盆地中，行政区属于犹他州。该湖距州府盐湖城40千米。大盐湖形成于14500年前，是一个巨型咸水湖，目前的大盐湖位于古湖的东北部，是古湖的残留水体。近代该湖平均水面为3 885平方千米。湖水平均海拔1 281米，最低水位年为1963年，水位为1 278.25米，高低水位差值为6.65米。

　　大盐湖位于美国犹他州北部，是西半球最大的内陆咸水湖，世界上含盐度最大的内陆湖之一。干燥的自然环境与著名的死海相似。湖水的化学特征与海水相同，但因蒸发量远超过河川补给量，湖水含盐量比海水大得多。历史上由于蒸发

北美大盐湖

量和河水流量的变动，湖的面积变化极大，1873年面积为6 200平方千米，1963年只有2 460平方千米。湖面可高达海拔1 284米，低则为1 277米。湖面西北—东南向延伸，长120千米，宽63千米，深4.6～15米，面积3 525平方千米。盐度高达150‰～288‰。东南部和南部接纳贝尔河、乔丹河和韦伯河，湖水无出口，故湖面南高北低，盐度则北高南低。

　　湖泊水量取决于降水和蒸发，湖的面积多变。湖的盐类储量丰富，达60亿吨，其中食盐占3/4，还有镁、钾、锂、硼等。年产食盐约27万吨。20世纪70年代起人们着重开采、提炼钾碱和镁等多种矿物。

　　湖中岛屿散布，主要有安蒂洛普岛等，可饲养水禽和牧羊。湖中生物限于盐水虾、水藻等，虾籽是国际市场上热带鱼饲料来源之一。美国南太平洋铁路横跨湖面。犹他州内最大城市和首府盐湖城位于湖的东南岸。湖区内建立野生动物保护区，以保护鹈鹕、苍鹭、鸬鹚和燕鸥等珍贵野禽。由于开发

湖区的丰富矿产和发展水上体育活动，大盐湖成为犹他州一大旅游胜地。

经研究发现，湖水中含有 76 种矿物质和微量元素，而且这些元素与人体体液的含量相吻合，含量均衡，种类齐全，同时具有天然杀菌的效果，就连全世界最棘手的水中细菌"沙门杆菌"都无法生存，是迄今世界上含量最多、最齐全、最均衡的天然矿物质和微量元素，均衡补充日常饮食中难于供给的一些微量元素，保证了均衡的供给和迅速吸收，能够把人体内的矿物元素从失衡状态调整到均衡状态。

你知道吗

鹈鹕

鹈鹕俗称塘鹅，鹈形目鹈鹕科鹈鹕属 8 种水禽的统称。特征为大而具有弹性的喉囊，栖息于全世界许多地区的湖泊、河流和海滨。某些种体长可达 180 厘米，翅展可达 3 米，体重可达 13 千克，是现存鸟类中个体最大者之一。

美国犹他州大盐湖在 1986 年以前，大盐湖区域常受到洪水威胁，为减少洪水的影响，1986 年犹他州议会通过了一项建立大型泵站的决议，将大盐湖的部分水抽到大盐湖西南部的洼地中，这样可以有效地降低大盐湖的水位。1987 ~ 1989 年，很多水被抽到西南部洼地中，这些洼地也形成了湖泊。到 20 世纪 90 年代末期，这些泵站开始停用，于是西南部洼地湖泊消失。

羚羊岛是大盐湖里八个主要岛屿中最大的一个。上岛前是一条 12 千米的堤道，它的限速是时速 56 千米。岛上有不少美洲野牛，一个个懒洋洋的，像是雕像一般。1893 年，12 头野牛被带到岛上，已经发展到现在的 500 ~ 700 头。

◉ 阿尔卑斯山湖群

阿尔卑斯山湖群是分布在阿尔卑斯山脉两侧的 11 个著名湖泊的总称。这些湖泊大多是更新世冰期末由冰碛石堵塞了山谷积水而形成的。这些湖泊风景秀丽，成为了人们的聚居中心和旅游胜地。这些湖泊大多坐落于阿尔卑斯

美丽的阿尔卑斯山

山麓小丘地带或稍远处。

阿尔卑斯山湖群都是由于阿尔卑斯山脉上的积雪慢慢结成了冰，形成了冰山。冰山在自身重量的作用下，向低处运动，它的运动速度极慢（一般每天几厘米），但它对地面的作用力极大，在冰川巨大的磨蚀作用下而形成了大大小小的湖泊。这些湖泊被分成两类，一类是高山上的冰斗湖，这种湖面积都不大，但数量却很多；一类是山脚附近的冰碛湖，这种湖都是由于冰川刨出来的山谷被那些碎石（冰碛）堵塞后积水而成的，所以这类湖一般都呈长条形而且很深。

阿尔卑斯山湖群有日内瓦湖、马焦雷湖、卢加诺湖、科莫湖和加尔达湖。山北湖群包括纳沙泰尔湖、卢塞恩湖、苏黎世湖、康斯坦茨湖、基姆湖和阿特尔湖共计 11 个湖泊。

日内瓦湖是欧洲阿尔卑斯山区最大的湖泊，面积 581 平方千米，位于瑞士西南部和法国东南部之间，其中 347 平方千米属于瑞士，234 平方千米属于法国。有隆河注入，湖域呈新月形，长 72 千米，平均宽 8 千米，最大宽度 13.5 千米，平均深 80 米，最深点 310 米。沿湖可见绵延的高地、雄伟的阿尔卑斯山和各式各样的美景，湖水、雪山、蓝天连成一片，成千上万的水鸭在湖面翱翔，雪白的天鹅在水中游弋，因此湖区常被称为"欧洲的什锦菜"。

日内瓦湖上的白天鹅

日内瓦湖湖滨曾发现史前人类遗址，古罗马时代称勒曼努斯湖，16 世纪改为今名，但 18 世纪末又称莱蒙湖。北岸是葡萄酒生产地区。日内瓦与洛桑为最大的湖滨城市。沿湖多游览胜地，其中有瑞士的蒙特勒、沃韦，法国的托农莱班及埃维昂莱班。

日内瓦湖是罗纳冰川形成的。湖身为弓形，湖的凹处朝南。罗纳冰川消融后，形成罗纳河。它是吐纳日内瓦湖水的主要河流。日内瓦湖海拔约 369 米，长 73.6 千米。湖面最宽处为 13.6 千米。湖水最深处约 305.1 米。湖畔和毗邻地域，气候温和，温差变化极小，建有许多游览胜地。湖的南面是白雪皑皑风光秀丽的山峦，山北广布牧场和葡萄园。湖水因清澈湛蓝而驰名世界。湖分两部分：东为格朗湖，西为珀蒂湖。湖水清澈碧蓝。有水面上下波动明显的湖震现象，湖水从此岸至彼岸有节奏地往返动荡。湖中建有人工喷泉，水柱高达 130 米，在阳光照耀下，呈现出一条若隐若现的彩虹，与高耸的勃朗峰雪山交辉相映，蔚为壮观。

日内瓦湖中有一座以卢梭命名的岛屿，以纪念这位法国大革命的先驱与创立立法、行政、司法三权分立学说和著有《民约论》的伟人。在岛的旁边还专门建造了一座"人权、和平纪念塔"。沿着湖岸还有许多不同时期、不同风格的铜像，为这湖光山色营造了更丰富的文化氛围。日内瓦城是一个著名的和平城市。1864 年它就成为国际红十字会总部所在

趣味点击　　湖震现象

由湖底震动引起的湖水表层的波动被称作湖震。湖震现象与海啸不同，湖震只在内陆湖泊和河流发生，并一般出现在地震发生中，其效果犹如内陆湖泊像前后晃动的一只装满水的碗。由于出现的机会不多以及本身可研究价值不多，所以地震研究方面至今对于湖震的观测不多。最早对于湖震的记载是在 1755 年的里斯本地震。

地。1920 年它成为国际劳工组织所在地。第二次世界大战后，许多联合国机构都驻地于此。

科莫湖是意大利北部阿尔卑斯山区著名的湖泊之一，是其中最具诗意的湖泊。它长 31 千米，宽 5 千米，南距米兰 40 千米，为群山环抱的南北向陷落凹地，东北高、西南低，湖面海拔约 200 米，面积 145 平方千米，最大深度

卢　梭

达410米。岸边的许多地方都是峭壁，阿尔卑斯山（一年四季可以滑雪）在湖的北端像是一堵墙。湖滨多栽培葡萄、无花果、石榴、油橄榄与栗等。湖中产鲑、鳟、鳗与鲱等鱼类。以自然景色优美著称，滨湖建有许多华丽的别墅、公园，沿湖一带为旅游胜地。湖上可通轮船，即使在初夏灼热的阳光下，科莫湖水也是冰冷刺骨的，这大概因为它来自阿尔卑斯山终年不化的积雪，又是欧洲最深的湖泊之一。

如果说湖水给科莫湖以空灵的神韵，那么湖畔人家则为不食人间烟火的湖水增添了恰到好处的世俗氛围。在苍翠山坡和宝蓝色湖水之间的花岗石岸边，一个个小镇依山傍水而建。罗马帝国时代，这里是王公贵族和名流艺术家们争先修建豪宅别墅的好去处。这些风格各异的别墅，许多都出自不同年代的设计名家之手，又历经几代显赫世家，在青山绿水之间，一派阅尽人间繁华之后的高贵沉寂。让F1车王舒马赫和布拉德·皮特、凯文·科斯特纳、布鲁斯·斯普林斯汀一起动心，争相竞拍的那座松柏环绕、宁静雅致的 Lenno 别墅，就是著名设计师 Ciacomo Mantegazza 于1926年打造的作品。

富有诗意的科莫湖

达官贵人的财富和奢华随时光流逝渐渐散去，而来自传统绘画、雕刻和古典雅致艺术全盛时期伊甸园般的气质却因年代久远而愈加醇厚。科莫湖是历年为全世界最具才华的少年举办国际钢琴大师班的地方，也是全世界最负盛名的丝绸企业曼特罗公司的老家，它的丝绸制品样样精致无比。

加尔达湖是意大利最大、最干净的湖泊，位于中阿尔卑斯山南麓，西距米兰 105 千米，南北长 56 千米，东西宽 4～17 千米，面积 370 平方千米，最深 346 米。海拔 65 米。有萨尔卡河等山川溪流入湖。南端的明乔河是湖水的出口。西、南岸栽有柑橘、油橄榄、葡萄、月桂等。湖中产鳗、鲤、鳟等鱼类。

清澈的加尔达湖

沿湖有公路环绕，湖滨城镇间有小汽艇往来。自罗马时代以来湖滨已开辟为游览休养地。

在阿尔卑斯山地区，只有日内瓦湖和康斯坦茨湖的面积超过它。狭窄的巴尔多山山脊将它与阿迪杰河河谷分开，萨尔卡河从北端注入，湖水从南端经明乔河导出。湖的北端狭窄，夹在高耸的悬崖之间，向南逐渐变宽，形成近乎圆形的盆地，南岸和西岸有丰富的植被。主要的风（可能扩大为风暴）有上午来自北方的风，下午来自南方的风。

古典作家维吉尔、贺拉斯和卡图卢斯称该湖为 Lacus Benacus；9 世纪初，皇帝查理曼获得了对湖区的统治权，将加尔达市提升为县后，该湖就改了名字。1919 年以前，湖的北端属于奥地利。1931 年，开放环湖的加尔登萨那旅游公路，沿途风景优美壮丽。由于北面有阿尔卑斯山作为屏障，所以加尔达湖有温和的地中海气候，是著名的旅游度假区。

纳沙泰尔湖

纳沙泰尔湖是瑞士境内最大的湖泊，在西部侏罗山东南麓，属于冰川湖，海拔 429 米，西南向东北延伸约 38 千米，宽 6～8 千米，面积 218 平方千米，水深 153 米。此湖由齐恩特河和比尔湖沟通，经阿勒河汇入莱茵河，可通航，严冬结冰。西北岸村落密集，坡地葡萄园遍布。湖岸城市有纳沙泰尔、伊韦尔东等。

纳沙泰尔湖是全部处在瑞士境内的最大湖泊，分属于纳沙泰尔州、沃州、弗里堡州和伯恩州。与比尔湖和莫拉湖之间通运河，长约38千米，海拔429米，最深153米。有蒂耶勒河穿过，阿勒斯河和布鲁瓦河注入，湖水由东北端排出。西北岸（纳沙泰尔州）人口密度最高。北岸的拉坦诺以发掘出史前时期遗物闻名。

基姆湖在德国东南部巴伐利亚州，因河和萨尔察赫河之间，海拔518米，长15千米，宽8千米，面积82平方千米，为巴伐利亚州最大的湖泊。该湖南、北岸地势平缓，东、西岸丘陵起伏。湖中有三个岛，湖水清澈，多鳟鱼、鲤鱼。

基姆湖的美在于靠近山麓，湖区风景与周边山峦环境完全融合，不分彼此。由于近山而成，最宜夏天前往，租一只电动船，任它轻轻飘荡——湖半周为阿尔卑斯山所围，有奇峰高绝，有高峰云绕，湖畔水波盈盈，波下碎石清清，水草娆娆，阳光暖醉，心旷神怡……天气宜人之时，许多帆船爱好者在此荡舟。风轻动，湖面上白帆点点，的确是脱俗之美。

基姆湖上荡舟

基姆湖是巴伐利亚州的旅游胜地之一，除湖光山色造就的美丽自然景观外，还有巴伐利亚州的"童话国王"路德维希二世建造的"基姆湖新宫"。

基姆湖中有三个岛，分别是男人岛、女人岛和至今无人居住的香草岛。最大的岛屿就是男人岛，因岛上有座"男人修道院"而得名。这个岛屿之所以闻名主要是因为路德维希二世在这里建造了一座宫殿，其风格仿效法国著名的凡尔赛宫。

◪ 沙漠中的 "水晶珠" ——图尔卡纳湖

　　在肯尼亚北部与埃塞俄比亚接壤处的大裂谷地带，地貌呈沙漠或半沙漠状态。但是从高空俯瞰，在沙漠中仿佛有一颗巨大而又美丽的水晶珠镶嵌在这一片灰黄的茫茫大地上，这就是非洲著名的内陆湖泊——图尔卡纳湖。它不仅是肯尼亚最大的湖泊，也是当今世界上最大的咸水湖之一。

　　图尔卡纳湖的原名叫卢多尔夫湖，这是以曾在这里进行殖民统治的奥地利王太子的名字来命名的。在肯尼亚政府取得独立地位后的1975 年，改用湖西岸的一个少数民族部落——图尔卡纳族的名字来命名，从此人们就称之为图尔卡纳湖。

　　图尔卡纳湖的湖区面积有10 000多平方千米，南北延伸 256千米，东西宽 50～60 千米，是一个

图尔卡纳湖

呈狭长条带状的湖。它的海拔比较低，大约只有 375 米。它也不是一个很深的湖泊，据测量，最深的湖区南端也只有 120 米深左右。图尔卡纳湖也是一个咸水湖，这或许跟它曾经与同大海相通的尼罗河相通有关，只不过后来那里发生了断层陷落，东非大裂谷出现的时候，图尔卡纳湖也就随之产生了。

　　由于这里有许多火山，以往火山喷发出来的火山灰，在雨水作用下，形成了十分肥沃的土地，因此这里到处都是茂密的树林和草原，动物种类也极为繁多，草丛中成群的羚羊、斑马、野鹿等随处可见。在炎热的白天，图尔卡纳湖四周是很难看见有动物活动的，但是一到傍晚，各种动物就仿佛天降般出现了，它们争相饮水，湖边顿时热闹了起来。这里最出名的动物要数鳄鱼，游人到这里来，大多是为了观看这种凶猛的两栖动物。可以说，这里是一个鳄鱼的 "极乐世界"。当人们乘汽艇在湖区游览时，在轰鸣的马达声中，

知识小链接

裂　谷

裂谷是地球深层作用的地表坳陷构造，以高角度断层为界呈长条状的地壳下降区，是数百至上千千米长的大型地质构造单元。大陆裂谷按形成方式的不同，可分为主动裂谷和被动裂谷两类。主动裂谷是地幔的上升热对流的长期作用，使大陆岩石圈减薄、上隆而致破裂，然后出现坳陷而成裂谷，如东非大裂谷、红海亚丁湾。被动裂谷则是由于地壳的伸展作用或剪切作用，使岩石圈减薄、破裂而导致裂谷的形成。

湖中的鳄鱼和河马便会浮出水面，它们常常在汽艇前后嬉戏玩耍。鳄鱼最具危险性的时候是它们成群结队地爬到岸边的草丛里时，你看它们一个个张着大嘴，好像是在晒太阳，其实它们是在等候猎物的到来，一旦有动物或者人经过那里，它们就会猛扑过去，很快将猎物吃掉。

图尔卡纳湖同样是一个美丽的湖泊，那里的湖水碧绿如水晶，因此有沙漠中的"水晶珠"的美誉。它虽然是咸水湖，但湖水的淡水含量很高，因此湖中生活的鱼类很多。不仅种类多，有的鱼的个头还很大，甚至可以长达数米，重达数百千克。来这里旅游的游人可以租一条小船，自己到湖中去撒网捕鱼，由于湖中的鱼很多，他们都会满载而归。既游览了美丽的湖泊，又能有所收获，真是一举两得！

图尔卡纳湖是一个物产丰富的宝库，它清澈的湖水哺育了生活在这里的人们，形成了灿烂的文化，不愧是沙漠中的"水晶珠"！

▶ "炎热大地上的清凉世界" ——乍得湖

"乍得"，在当地语言中是"水"的意思，将它用作湖泊的名称，即意为"一片汪洋"。这片汪洋是非洲的第四大湖，也是世界上著名的内陆淡水湖。乍得的国名就是因这个湖而来的。乍得湖的主要湖区位于乍得境内，其余部分在喀麦隆、尼日尔和尼日利亚三国交界处。乍得湖之所以值得一说，是因为它有许多独特之处。

在炎热干旱的非洲大地上，有一个低洼又凉爽的盆地，这本就是一个奇特之处了，在盆地的中心还有着一片汪洋，这就是乍得湖，因此乍得湖被称为"炎热大地上的清凉世界"。

乍得湖的面积不是固定不变的，而是在一年之内随着季节的不同发生两次较大的变化。每年6月雨季到来的时候，湖面上升，湖水漫过低平的湖岸，向四周扩展，这时的湖区面积达到2.5万平方千米，而当11月旱季到来的时候，湖面便渐渐缩小，变成一个长方形的湖泊，

美丽的乍得湖

湖水面积只有约113万多平方千米。一年之间变化两次，面积相差一倍，纵观世界各大湖，乍得湖算是独一无二的了。

除此之外，乍得湖还有许多不同于热带非洲其他大湖的独特的地方。乍得湖位于世界上最大的沙漠——撒哈拉沙漠和世界上奇热地带之一——苏丹热带稀树干旱草原之间，是一个内陆湖，而且它没有出口。依照常理，人们都推断它应该是一个咸水湖，但是乍得湖湖水的盐度只有千分之零点几，那里的大部分水域中的水都是

拓展阅读

撒哈拉沙漠

撒哈拉沙漠约形成于250万年前，是世界上最大的沙漠，几乎占满非洲北部的全部。东西长约4 800千米，南北在1 300～1 900千米，总面积约900万平方千米。撒哈拉沙漠西濒大西洋，北临阿特拉斯山脉和地中海，东为红海，南为萨赫勒一个半沙漠半草原的过渡区。撒哈拉沙漠是地球上最不适合生物生长的地方之一，也是世界上除南极洲之外最大的荒漠。

淡水，只有东部和北部的水略带咸味，比东非各大湖泊的含盐度都低。这么说来，这也是自然界的神奇之处。后来，人们才得知这个神奇之处的奥秘。人们发现，乍得湖的湖水不停地通过地下渗透，向它东北部的一个名叫博得内的盆地流去。在这个过程中，湖水中的许多盐类及其他矿物质都被过滤掉了，因此使得湖水盐度不高，成为最大的内陆淡水湖之一。

知识小链接

稀树草原

稀树草原是炎热、季节性干旱气候条件下长成的植被类型，其特点是底层连续高大禾草之上有开放的树冠层，即稀疏的乔木。世界上大片的稀树草原分布于非洲、南美洲、大洋洲、印度等地。我国云南南部元江、澜沧江、怒江及其若干支流所流经的山地峡谷地区，分布着我国最为干热的草地，这里气候炎热而干旱，年降雨量小于1 000毫米，具有非常明显而特殊的干热河谷气候。在河漫滩以上较低的台地上，首先形成稀疏的旱生草丛，后来逐渐演化形成稀树草原。

乍得湖既有着丰富的淡水资源，同时也由于这里的水质良好，湖水温度适中，因此形成了一个天然的生态保护区。如同许多著名的淡水湖一样，在乍得湖边缘的湖水里，生长着一种可以用来造纸和制作工艺品的芦苇。这种芦苇韧性很好，是造纸和制造工艺品的上等原料，因此这里成了乍得最大的纸张生产地。同时，这里也是一个重要的淡水鱼产地，而且更令人惊奇的是这里还出产许多在河里才能见到的鱼类。如今的乍得湖已经变成了一个"鱼米之乡"。

◆ 美国最大的山湖——黄石湖

黄石湖是美国最大的山湖，又是密西西比河的发源地，海拔2 356米，在北美洲的如此高度中，它是最大的水体。黄石河自南向北流经该湖，供该湖蓄水和排水。黄石湖长32千米，宽21.5千米，湖面面积约355平方千米，湖岸周长 180 千米，湖水平均深 24 米，最深处达百米。黄石湖水清澈见底，湖水经过一个缺口流入黄石大峡谷，呼啸而下，形成著名的黄石大瀑布。

因为黄石公园的石头含硫量很高，使得黄石湖、黄石河的水看上去非常清晰，但是不能喝，不能游泳。美丽的白天鹅和众多的鸟，或栖息或游弋，好不自在。如镜之水，倒映着周边皑皑的雪峰和幽深的森林，虚虚实实两者难以分辨。

黄石大瀑布

这是一个适宜生活和休息的美妙地方，将营地扎在湖滨，扎在被向日葵染成一片金黄的林间温暖的开阔地上，扎在小溪的岸边，扎在水花飞溅的瀑布旁，扎在自然奇观的近旁，或者远离它们，将营地扎在山间扇形的崖壁中，那里绝对避风，或者将营地扎在长琚琅般龙胆丝一样平滑的草地上，还可以将营地扎在山峰之间古代冰川低洼的泉洞处，那里有清凉的池水溪流，遍布着珍稀植物的花园，千姿百态的悬崖峭壁危岩嶙峋，它们近在咫尺，诱惑你去驻足欣赏。

黄石湖旁的热泉

黄石湖掩映于浓郁的森林和皑皑雪峰之中。湖水风平浪静时，黄石湖是一面倒映着森林与群山的美丽镜子，鳟鱼、天鹅、鹈鹕、大雁、鸭子、苍鹭等数不清的鸟类在湖中和岸边觅食，森林动物们也走出丛林，来到了沙质的浅滩上涉水嬉戏，一边喝水，一边环顾四周，在微风中乘凉。

从观看野生动物而言，傍晚湖

你知道吗

麋 鹿

麋鹿属于鹿科，又名大卫神父鹿，因为它头脸像马、角像鹿、颈像骆驼、尾像驴，因此又称四不像，原产于中国长江中下游沼泽地带，以青草和水草为食物，有时到海中衔食海藻。体长达2米，重300千克，曾经广布于东亚地区。后来由于自然气候变化和人为因素，在汉朝末年就近乎绝种。元朝时，为了以供游猎，残余的麋鹿被捕捉运到皇家猎苑内饲养。到19世纪时，只剩下在北京南海子皇家猎苑内的最后一群。1901年，最后一群麋鹿被八国联军捕捉杀戮，从此在中国消失。

边会是很好的地点，会有很大的机会看到麋鹿和熊等大型的动物。但是只有住在公园内旅馆的游客才有这种特权，因为湖距离任何一个出口外边有旅馆的城镇都至少有一两个小时的车程，而且还是蜿蜒的山路，大概不会有人兴致高到安然等到日落后摸黑走山路回旅馆。但对于住公园内的游客，就简直方便到像是在自己家后院看动物一样。

湖边还有不少野生动物出没。清晨傍晚最热闹，但在早上接近中午的时候也能看到湖上的白鹈鹕。野牛就随处可见了，才到湖边不久就看到三四只野牛沿公路在散步。湖边的沼泽地带是棕熊活动的地带。

"山上的眼睛" ——布莱德湖

布莱德湖位于斯洛文尼亚西北部的阿尔卑斯山南麓，"三头山"顶部积雪的融水不断注入湖中，故有"冰湖"之称。布莱德湖水碧绿清澈，湖畔悬崖上古堡耸立，自然与人文美景相映成趣。人们登上小岛制高点，凭栏远眺，远处的阿尔卑斯山层峦叠嶂，一直伸向天际，美景尽收眼底。

美丽的布莱德湖

布莱德城堡

布莱德湖是斯洛文尼亚最著名的湖泊，是斯洛文尼亚西北部的冰川湖。布莱德湖是在大约 14 000 年前，由于阿尔卑斯山脉的冰川移动而形成，湖长 2 120 米，宽为 500～180 米，最深处为 30 米。

布莱德湖是尤利安山脚避暑、度假和冬季运动的胜地。附近有特里格拉夫峰国家公园。湖畔布莱德镇有历史名胜。湖岛上有圣玛利亚古教堂。湖岸峭壁上有布莱德城堡。

这里夏季水温在 22℃ 左右，是人们划船、游泳、钓鱼的理想场所。冬季多雪，气候寒冷，湖面结冰达 40 厘米，所以又是冰上运动的绝佳去处。这里曾多次举行过欧洲和世界性的水上与冰上运动比赛。布莱德早已成为著名的旅游胜地，吸引着越来越多的人前来旅游、度假。

1004 年，英国亨利二世在布莱德修建了城堡和教堂，其风格独特的建筑与碧绿无瑕的湖面构成人与自然的完美结合。湖心有座高出水面 40 米的小岛，岛上有一座依然弥漫着古老神秘气息的巴洛克式教堂。这座昔日教徒祈祷的圣地，现已辟为教堂艺术博物馆。传说

拓展阅读

亨利二世

亨利二世（1133 年 3 月 25 日—1189 年 7 月 6 日）是英国国王（1154 年—1189 年在位），他也是法国的诺曼底公爵（1150 年起）、安茹伯爵（1151 年起）和阿基坦公爵（1152 年起）。他所创立的金雀花王朝是英国中世纪最强大的一个封建王朝。该王朝本名叫安茹王朝，但是因为纹章用金雀花的小枝做装饰，所以通常人们叫它金雀花王朝。从他开始的几位国王也被称作安哲文国王。

在教堂钟楼里曾有三口大钟。

其中一口大钟沉落湖底。每逢月白风清之夜，人们站在湖旁能听到隐隐的钟声。湖四周葱绿的树林、明镜般的湖面、湖中给人梦幻般感觉的阿尔卑斯山雪白的倒影，构成了布莱德湖迷人的自然风光，也使它无愧于那"山上的眼睛"的赞誉。

美丽的布莱德湖吸引着来自世界各地的游客。进入湖边小镇，不少房舍都挂着小旗或木牌，上书"有空房间"，以表明有空房提供给度假者住宿。多年来，布莱德湖旅游没有衰落过。据说，常有游客来后因迷恋这里的新鲜空气而临时决定多盘桓几日。由于没有提前预定旅馆房间，游客开始求助于当地农家。这样，"农家旅馆"就开始渐渐兴盛起来。这些开门待客的农家同乡间的旅馆或度假村不同，他们不是专职旅游从业者，而是当地的农民。与旅馆不同的是，他们出租的大多是适合家庭住宿的套间，有的套间还带有单独的厨房和卫生间，供度假者烹饪适合自己口味的食品，就像在自己家里一样。

与一些旅游点受季节性限制不同，布莱德湖几乎全年游人如织。夏季，厌倦了城市喧嚣的人们沉醉于这里的湖光山色；冬季，可在布莱德湖畔、阿尔卑斯山南麓滑雪场尽情潇洒；春秋两季，跳伞、滑翔机训练场恭候游客。也正因如此，湖区农民出租房屋的时间很长，有些人甚至将其"变副业为主业"。

◉ 东非大裂谷边缘的柏哥利亚湖

柏哥利亚湖位于非洲东边的肯尼亚，在巴林哥湖的北方，大裂谷区的边缘，是碳酸钠湖而不是淡水湖，此湖知名的是在湖岸有相当多的温泉，大多数都达到沸点而且蒸气相当多，可以轻易地将蛋在短时间内煮熟。

柏哥利亚湖是一个浅苏打湖，是鸟类和捻（一种罕见的非洲大羚羊）的栖息地。湖的南部有温泉和间歇泉，流淌着碱性水。柏哥利亚湖就像它周边的湖一样，也是许多非洲红鹤的家。

该湖面积约30平方千米，沿岸为树林、干旱的矮树林和草地所覆盖，每年 1～4 月都会吸引数万只红鹤聚集于此，因此湖面常如铺展开来的粉红色地毯般美丽动人，这些红鹤也为柏哥利亚湖增添了一道亮丽的风景线。不过，半空中常有鱼鹰盘旋，伺机猎食红鹤。该湖区内有 135 种鸟类群居，奇异的鸟类包括茶雕、轻快的小食蜂鸟、海角赤颈鸭、黄嘴莺鹳、非洲琵鹭等。

多彩的柏哥利亚湖

　　湖四周是干旱的沙漠，因而这里也就成了干旱地区的风景中心，依偎在美丽的山脉下。柏哥利亚湖并不是一个淡水湖，但湖边缘的淡水还是吸引了多种鸟类和野生动物来这里栖息，如瞪羚、斑马、狒狒以及大旋角羚等。

　　此外，柏哥利亚湖中有相当多的蓝绿藻和矽藻，每天的不同时候，在阳光的照射下，湖面会显现出不同的颜色，如黄色、粉红色和紫红色等。

　　柏哥利亚湖位于东非大裂谷的边缘，湖泊比较浅，所含矿物和盐分也较高。柏哥利亚湖含有碳酸钠，碱性相当高。但是裂谷带的湖泊，水色湛蓝，辽阔浩荡，千变万化，不仅是旅游观光的胜地，而且湖区水量丰富，湖滨土地肥沃，植被茂盛；野生动物众多，大象、河马、非洲狮、犀牛、羚羊、

拓展阅读

东非大裂谷

　　东非大裂谷是世界大陆上最大的断裂带，从卫星照片上看去犹如一道巨大的伤疤。当乘飞机越过浩瀚的印度洋，进入东非大陆的赤道上空时，从机窗向下俯视，地面上有一条硕大无比的"刀痕"呈现在眼前，顿时让人产生一种惊异而神奇的感觉，这就是著名的"东非大裂谷"，亦称"东非大峡谷"或"东非大地沟"。这条长度相当于地球周长 1/6 的大裂谷，气势宏伟，景色壮观，是世界上最大的裂谷带，有人形象地将其称为"地球表皮上的一条大伤痕"，古往今来不知迷住了多少人。

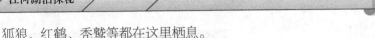

狐狼、红鹤、秃鹫等都在这里栖息。

　　碱性的湖水极具腐蚀性，是非洲最可怕的水。在过去的年代里，在这个不同寻常的湖边居住的人们认为它的水具有神秘的力量。

　　柏哥利亚湖某些区域的水冰冷刺骨，而其他区域却热可灼肤。人们据此猜测它的湖水能洗去从皮肤病到精神紧张等一系列疾病。人们过去曾经在湖边温泉旁宰割山羊献祭给在想象中居住于薄雾中的神灵们，这种场景现在有时也能看到。

趣味点击　　间歇泉

　　间歇泉是间断喷发的温泉，多发生于火山运动活跃的区域。有人把它比作"地下的天然锅炉"。在火山活动地区，熔岩使地层水化为水汽，水汽沿裂缝上升，当温度下降到汽化点以下时凝结成温度很高的水，每间隔一段时间喷发一次，形成间歇泉。

水磨石处理的牛仔裤的漂白及柔软剂。

　　由于湖附近的火山活动频繁，柏哥利亚湖的西岸散落着间歇泉和地热泉，且多都达到了沸点，蒸气很多，吸引了不少游客参观。

　　肯尼亚共和国的柏哥利亚湖，湖水的盐分含量与海水相近，并被发现有丰富的罕见微生物。从柏哥利亚湖采集到的某种微生物中提炼出的一种酵素被运用在工业中，可作为经

大自然赐予的神奇景观——瀑布

　　瀑布是地球上壮美的自然景观。世界上最著名的三大瀑布分别是尼亚加拉瀑布、维多利亚瀑布和伊瓜苏瀑布。岩石表面就像粗糙的皮肤，流水在上面形成了美丽的银色颗粒。瀑布从绝壁之上腾空而下，极高的落差，流水到了下面就散落成流沙状，真有"飞流直下三千尺"的感觉。

垂直跌落的河水——瀑布

瀑布是流动的河水近似垂直跌落的地区。瀑布是河水流动中的主要阻断。在大部分情况下，河流总是透过侵蚀和淤积过程来平整流动途中的不平坦之处。经过一段时间以后，河流那长长的纵断面（坡度曲线）形成一平滑的弧线：河源处最陡，河口处最和缓。瀑布中断了这弧线，它们的存在是对侵蚀过程进展的一个测定。瀑布也称河落，有时也称大瀑布，当谈及很大的水量时，后者尤为常见。比较低、陡峭度较小的瀑布称小瀑布，这名称常用以指沿河一系列小的跌落。有的河段坡度更平缓，然而在河流坡降局部增加处相应出现湍流，这些河段称为急流。

你知道吗

断 层

地壳岩层因受力达到一定强度而发生破裂，并沿破裂面有明显相对移动的构造称为断层。在地貌上，大的断层常常形成裂谷和陡崖，如著名的东非大裂谷、中国华山北坡大断崖。

瀑布在地质学上叫跌水，即河水在流经断层、凹陷等地区时垂直地跌落。在河流的时段内，瀑布是一种暂时性的特征，它最终会消失。侵蚀作用的速度取决于特定瀑布的高度、流量、有关岩石的类型与构造以及其他一些因素。在一些情况下，瀑布的位置因悬崖或陡坎被水流冲刷而向上游方向消退；而在另一些情况下，这种侵蚀作用又倾向于向下深切，并斜切包含有瀑布的整个河段。随着时间的推移，这些因素的任何一个或两个在起作用，河流不可避免的趋势是消灭任何可能形成的瀑布。

河流的能量最终将建造起一个相对平滑的、凹面向上的纵剖面。甚至当作为河流侵蚀工具的碎石不存在的情况下，可用于瀑布基底侵蚀的能量也是很大的。与任何大小的瀑布相关，也与流量和高度相关的特征性特点之一，就是跌水潭的存在，它是在跌水的下方，在河槽中掘蚀出的盆地。在某些情况下，跌水潭的深度可能近似于造成瀑布的陡崖高度。跌水潭最终造成陡崖坡面的坍塌和瀑布后退。

造成跌水的悬崖在水流的强力冲击下将不断地坍塌，使得瀑布向上游方向后退并降低高度，最终导致瀑布消失。

◆ 世界上落差最大的瀑布——安赫尔瀑布

位于南美洲委内瑞拉东南部圭亚那高原上的安赫尔瀑布，犹如"天上"的水帘，落差高约979米，气势磅礴、宏伟壮观，是世界上落差最大的瀑布。

这个令人神往的大瀑布，隐藏在一片浓密的原始森林中，那里是高山耸立的大峡谷，人迹罕至，人称"魔鬼崖"。1937年，美国飞行员安赫尔探险到此，发现了这个世界罕见的大瀑布，因此而得名。1949年，经过美国一支地理探险队的考察，再次证实了这个气势宏伟的大瀑布。现瀑布区已开辟为旅游胜地，由于从陆地上不易接近瀑布，

安赫尔瀑布

观瀑的人只能乘飞机从空中鸟瞰。可听到胜似飞机轰鸣声的隆隆巨响，看到恰从云层中飞泻而下的白练。

◆ 两湖间的瀑布——尼亚加拉瀑布

尼亚加拉瀑布位于美国和加拿大之间的伊利湖和安大略湖间的尼亚加拉河上。伊利湖水面高出安大略湖100米，联系两湖的尼亚加拉河在流经横亘其间的石灰岩崖壁时，河水骤然陡落，成为世界著名的尼亚加拉瀑布。瀑

尼亚加拉瀑布

以中间的山羊岛分左、右两部分——左边的称马蹄瀑布，宽约800米，落差49米，属加拿大；右边的称亚芙利加瀑布，宽约305米，落差51米，属美国。

尼亚加拉瀑布周围已成为世界著名的旅游区。在瀑布两岸，美国和加拿大各有一个尼亚加拉瀑布城，两座城市之间有桥梁相通。这里的游乐设施比较完善，人们可以乘直升机、小艇，登眺望塔观赏壮丽景色，也可以乘电梯深入地下隧道，倾听雷鸣般的水声。

➡ 世界上最大的噪声之地——奥赫拉比斯瀑布

奥赫拉比斯瀑布是世界第五大瀑布，位于南非首都开普敦西北部的奥兰治河上。奥兰治河又称橘河，发源于莱索托高原上德拉肯斯山脉中的马洛蒂山，向西流经南非中部和南非与纳米比亚的边界后，于亚历山大贝注入大西洋。中下游流经干燥地带，支流稀少，水量的季节变化很大。河床呈阶梯状降落，形成著名的奥赫拉比斯瀑布，落差达122米，景色极为优美壮观。瀑布从高处分5段飞流直下到18千米长的雄壮的峡谷，发出震耳欲聋的轰鸣声。科伊科伊人将之命名为奥赫拉比斯，意为"最大噪声之地"。

➡ "冒烟的水" ——青尼罗河瀑布

青尼罗河瀑布在当地被称为"梯斯塞特"，意思是"冒烟的水"。青尼罗河源头在海拔 2 000 米的埃塞俄比亚高地，全长约 680 千米，穿过塔纳湖，然后急转直下，形成一泻千里的青尼罗河瀑布。在一条高 55 米的裂缝中，瀑布从天而降，形成美丽的彩虹。这里还栖息着多种野生动物和小鸟。旁边的塔纳湖被认为是青尼罗河的发源地。湖中有大约 20 座岛屿，多有历史遗迹和文物。

青尼罗河瀑布

◐ 伊瓜苏瀑布

伊瓜苏瀑布

伊瓜苏瀑布，位于南美洲巴西与阿根廷界河伊瓜苏河下游。它由 270 多股急流和泻瀑组成，平均落差 72 米，宽 2 700 米，流量约 1 700 立方米/秒，产生出巨大的蒸气云团。雨季时节，多个瀑布群相接相汇，水势浩荡，飞流震响，蔚为壮观。"伊瓜苏"是瓜拉尼语"大水"的意思。发源于巴西南部的伊瓜苏河，沿途水势渐大，至平原地带，河道宽达 4 千米左右，在与拉普拉塔河 – 巴拉那河汇合前 23 千米处，伊瓜苏河突遇百尺高崖，飞流直下。在总宽约 4 000 米的河面上，河水被岩石和树木分隔成大大小小的瀑布，跌落成瀑布群，形状如马蹄形。水流在飞落峡谷底部之前，先冲到高崖半腰的石台上，轰然作响，20 千米外仍可听见。瀑布跌落，飞花溅玉，形成 150 米高的水帘，彩虹飞架。伊瓜苏瀑布群的 200 多条瀑布，有各种各样的名字，如"情侣"、"亚当与夏娃"、"圣马丁"、"魔鬼咽喉"等，分属巴西和阿根廷所有，其中大都在阿根廷一侧。伊瓜苏瀑布沿河一带的植物生长茂盛，种类繁多，植物学家将这里的植物视为当今世界上最精美的样本。

🔍 世界上最长的瀑布——基桑加尼瀑布

基桑加尼瀑布

基桑加尼瀑布位于非洲刚果河的上游段。刚果河从高原突然坠落到平原，形成了世界上最长的瀑布——基桑加尼瀑布群。基桑加尼瀑布是由许多瀑布组成的瀑布群，瀑布群分布在 100 千米的河道上，跨越赤道，其中有 7 个比较大的瀑布，南边的 5 个瀑布相距较近，落差也不大。最大的一个瀑布宽约 800 米，落差约 50 米。在下游地段又有一系列的瀑布，其中"利文斯顿瀑布"总落差有 280 米。这里两岸悬崖陡壁，河宽仅有 400 米，最窄的地方只有 220 米，汹涌咆哮的河水奔腾直下，气势壮观，蕴藏着丰富的水力资源。从动力学的观点来看，该瀑布群是个天然的发电站，每年可提供上百亿度的电力。

🔍 非洲落差最大的瀑布——图盖拉瀑布

图盖拉瀑布位于非洲南部，在南非纳塔尔省西部的图盖拉河上游，为图盖拉河上游河段穿过德拉肯斯堡山脉后下跌而成。它是一个瀑布群，总落差约 944 米，由五级组成，其中最大一级的落差约 411 米，气势磅礴，是非洲落差最大的瀑布。附近有野生动物保护区和皇家纳塔尔国家公园。

➤ 著名旅游胜地——卡巴雷加瀑布

　　卡巴雷加瀑布旧称"默奇森瀑布"，位于乌干达西北部维多利亚尼罗河上。整体瀑布落差 120 米，分三级。第一级落差 40 米，即卡巴雷加瀑布，河流河身紧束，最窄处仅 6 米。河水奔腾咆哮，经陡崖直泻而下，形成 40 米高的瀑布，似银练飞舞，腾空而起，直泻而下，水花四溅，层层雾霭，声若雷鸣，远在几千米之外便可闻其声，

卡巴雷加瀑布

十分壮观。谷底为一深潭，浪花鼎沸，水珠浮游，形成一道奇特的风景线。尼罗河自维多利亚湖流出后，水势湍急，此段河面仅宽 6 米，形成"瓶口"状，加上河地势突然下降，便有了这一非洲著名的瀑布。周围地区开辟为卡巴雷加国家公园，是著名游览地。

➤ 热带雨林瀑布——凯厄图尔瀑布

凯厄图尔瀑布

　　凯厄图尔瀑布位于圭亚那中部，在塞奎博河中游的支流波塔罗河上。波塔罗河自帕卡赖马高原下跌后，再下蚀 26 米直达底部的大岩石上，形成一道高大的瀑布，宽达 91～106 米，落差约 226 米。它属热带雨林气候。这里景色极为壮丽，1930 年开辟为凯厄图尔国家公园，为圭亚那的主

要游览中心。

非常壮观的瀑布——塔卡考瀑布

塔卡考瀑布是加拿大第三高瀑，位于加拿大的不列颠哥伦比亚省，落差高约410米。"塔卡考"是土著语"壮观"的意思，这是一个非常壮观的瀑布。它横跨不列颠哥伦比亚与艾伯塔两省的落基山脉，曾经经历强烈的冰川作用、冰川侵蚀而成的地貌，如冰斗、U形谷等分布广泛。因为地球的温室效应，山顶的冰川大量融化，约霍公园内的塔卡考瀑布以410米的落差发出巨响。即使在秋天，这里的水量也是惊人的多，巨大的水量从悬壁的边缘倾泻而出，落入谷底。在几千米外就能听到轰鸣的水声。近些年，加拿大的冰川大量减少，不知道像塔卡考这样的瀑布还能继续存在多少年。

举行了葬礼的瀑布——塞特凯达斯大瀑布

塞特凯达斯大瀑布

塞特凯达斯大瀑布在拉丁美洲巴西与阿根廷两国国境交界处的拉普拉塔河－巴拉那河上。塞特凯达斯大瀑布曾经是世界上流量最大的瀑布，汹涌的河水从悬崖上咆哮而下，滔滔不绝，一泻千里。尤其是每年汛期，气势更是雄伟壮观，每秒钟就有1万立方米的水从几十米的高处飞泻而下，在下面撞开了万朵莲花，溅起的水雾飘飘洒洒，有时高达近百米，更有震耳欲聋的水声，为大瀑布壮威。据说在30千米外，瀑布的巨响声还清晰可闻。20世纪80年代，瀑布上游建立了一座伊泰普水电站，水电站高高的拦河大坝截住了大量的河水，使得塞特凯达斯大瀑布的水源大减，周围工厂的无节制用水，沿河两岸的森林乱砍滥伐，水土大量流失，大瀑布水量逐年减少，直到枯竭。1986 年 9 月，在拉丁美洲拉普拉塔河－巴拉那河上，为塞特凯达斯大瀑布举行了特殊的葬礼，巴西总统菲格雷特穿黑色葬礼服亲自主持了这个葬礼。

◑ 仿佛金子锻造的瀑布——黄金瀑布

黄金瀑布是欧洲著名的瀑布之一，为冰岛最大的断层峡谷瀑布，宽约 2 500 米，高约 70 米。倾泻而下的瀑布溅出的水珠弥漫在天空，天气晴朗时，在阳光照射下形成道道亮艳的彩虹，仿佛整个瀑布是用金子锻造成的，景象瑰丽无比，令游客流连忘返。冬天，往下游倾泻的瀑布两侧，冻成了晶莹透亮的淡蓝色冰柱，恰似一幅幅天然玉雕。由于那冰柱是在流动中形成的，极富动感，层次鲜明。

黄金瀑布

◑ 断层峡谷瀑布——古斯弗瀑布

古斯弗瀑布位于冰岛首都雷克雅未克，宽约 2 500 米，高 70 米，为冰岛最大的断层峡谷瀑布，塔河在这里形成上、下两道瀑布，下方河道变窄成激流。1975 年，农庄主人将它送给冰岛政府作为自然保留区。现在这里方圆 700 千米内，有鬼斧神工的国会断层、碧草如茵蓝天白云倒影的国会湖、烟雾缭绕直冲云霄的间歇喷泉区等，是冰岛风景最迷人的精华区。

欧洲最大的瀑布——莱茵瀑布

莱茵瀑布是欧洲最大的瀑布，在德国与瑞士的边境，位于瑞士沙夫豪森州和苏黎世州交界处的莱茵河上。莱茵瀑布宽约 150 米，虽然落差只有 23 米，但流量达 700 立方米/秒，游人都会被它的宽阔与气势所震撼。在水量尤其多的五六月份融雪期，更是气势恢弘。诗人歌德曾为其魅力深深感动，前后 4 次来到莱茵瀑布。在瀑布下游有渡船往返于两岸之间，也有游船可将游客送到瀑布中央的小岛上观赏瀑布的景

莱茵瀑布

色。莱茵瀑布已有 1 万多年历史。2 万年前尚无瀑布，后因冰川活动和莱茵河改道，形成了现在的景象。自古以来这里就是著名的观光胜地。

知识小链接

歌　德

歌德是 18 世纪中叶到 19 世纪初欧洲最重要的剧作家、诗人、思想家。歌德除了诗歌、戏剧、小说之外，在文艺理论、哲学、历史学、造型设计等方面，都取得了卓越的成就。

白丝带——萨瑟兰瀑布

萨瑟兰瀑布被毛利人喻为"白丝带"，位于新西兰南岛中西部的库克山

上。库克山海拔约 3 770 米，峰峦重叠，景色瑰丽，高坡上是斑斑积雪，萨瑟兰瀑布从 580 米处倾泻而下，以 580 米的落差成为南半球第一大瀑布，也是世界上最高的瀑布。它的周围除了悬崖峭壁外，还有繁茂的热带雨林。

🔘➤ 泡沫瀑布——胡卡瀑布

趣味点击　　喷射

利用从喷嘴中高速喷出的液体或固体微粒的冲击力破碎和去除工件材料的特种加工。喷射加工一般分为液体喷射加工和磨料喷射加工，前者发展较快，应用较广。

泡沫般的水瀑飞泻而下，故当地人称此瀑布为"胡卡"，也就是泡沫的意思。瀑布落差仅 11 米，但每秒从崖顶倾泻下来的水量高达 220 吨，水量充沛，水声如雷，气势磅礴。瀑布旁有一个游客信息中心，还有许多位置不错的观景台。

胡卡瀑布位于新西兰北岛的奥克兰地区，在陶波北方 3 千米处的怀拉基观光公园内。浅蓝如宝石的怀卡托河由 12 米高的河道断层冲泻而下，造成 230 吨/秒巨量的水流，河水因隘口及断层的作用，产生喷射及向下的巨大动力，形成

胡卡瀑布

🔘➤ 世界上流量最大的瀑布——孔瀑布

孔瀑布是湄公河的最大瀑布，位于老挝南部边境。宽约 10 千米，洪汛期落差约 15 米，枯水落差约 24 米。瀑布被岩礁分成两半，西边松帕尼瀑布最

高，枯水时完全断流；东边帕彭瀑布枯水时落差 18 米。雨季洪汛期流量 4 万平方米/秒。孔瀑布号称东南亚之最，是世界上流量最大的瀑布。它发源于中国青藏高原的湄公河。湄公河是东南亚的主要国际河流，上源称澜沧江，流入中南半岛称湄公河，经缅甸、老挝、泰国、柬埔寨和越南，注入南海。河长约 2 600 多千米，其下游段从巴色到金边，长约 559 千米，

孔瀑布

流经平坦而略为起伏的准平原，海拔不到 100 米，河身宽阔，但在老挝与柬埔寨交界处有一道巨大的瀑布，即孔瀑布，是全河最大的险水。

➡ 亚洲最大的瀑布——黄果树瀑布

黄果树瀑布

著名的黄果树大瀑布，是中国第一大瀑布，地处贵州省镇宁县，为打帮河上源白水河上黄果树地段九级瀑布中的最大一级瀑布。瀑布宽约 20 米（夏季水大时可达 30~40 米），从 60 米高处的悬崖上直泻犀牛潭。流量达 2 000 多立方米/秒。以水势浩大著称，也是世界著名的大瀑布之一。

景区内以黄果树大瀑布为中心，采用全球卫星定位系统（GPS）等科学手段，测得亚洲最大的瀑布——黄果树大瀑布的实际高度为 77.8 米，其中主瀑高 67 米，瀑布宽 101 米，主瀑顶宽 83.3 米，分布着雄、奇、险、秀风格各异的大小 18 个瀑布，形成一个庞大的瀑布"家族"，被世界吉尼斯总部评为世界上最大的瀑布群，列入世界吉尼斯纪录。黄果树大瀑布是黄果树瀑布群中最

为壮观的瀑布，是世界上唯一可以从上、下、前、后、左、右六个方位观赏的瀑布，也是世界上有水帘洞自然贯通且能从洞内外听、观、摸的瀑布。

瀑布对面建有观瀑亭，游人可在亭中观赏汹涌澎湃的河水奔腾直泻犀牛潭。腾起水珠高90多米，在附近形成水帘，盛夏到此，暑气全消。瀑布后绝壁上凹成一洞，称"水帘洞"，洞深20多米，洞口常年为瀑布所遮，可在洞内窗口欣赏天然水帘之胜境。

拓展阅读

卫星定位

卫星定位系统即全球定位系统，就是使用卫星对某物进行准确定位的技术。可以保证在任意时刻，地球上任意一点都可以同时观测到4颗卫星，以便实现导航、定位、授时等功能。可以用来引导飞机、船舶、车辆以及个人，安全、准确地沿着选定的路线，准时到达目的地，还可以应用到手机等追寻。

庐山瀑布

庐山瀑布

"日照香炉生紫烟，遥看瀑布挂前川。飞流直下三千尺，疑是银河落九天"。唐代诗人李白的豪迈之言真让人叹为观止矣……

诗中所云即为庐山瀑布，位于江西省星子县庐山秀峰景区，悬于双剑、文殊二峰之间，瀑水被二崖紧束喷洒，如骥尾摇凤，故又名称"马尾水"。

庐山的瀑布群最著名的应数

庐 山

　　庐山，山体呈椭圆形，典型的地垒式长段块山，山高约25千米，宽约10千米，绵延的90余座山峰，犹如九叠屏风，屏蔽着江西的北大门。以雄、奇、险、秀闻名于世，素有"匡庐奇秀甲天下"之美誉，与鸡公山、北戴河、莫干山并称我国四大避暑胜地。巍峨挺拔的青峰秀峦、喷雪鸣雷的银泉飞瀑、瞬息万变的云海奇观、俊奇巧秀的园林建筑，一展庐山的无穷魅力。庐山尤以盛夏如春的凉爽气候为中外游客所向往，是久负盛名的风景名胜区和避暑游览胜地。

　　三叠泉，被称为庐山第一奇观，旧有"未到三叠泉，不算庐山客"之说。三叠泉瀑布之水，自大月山流出，缓慢地流淌一段后，再过五老峰背，经过山川石阶，折成三叠，故得名三叠泉瀑布。

　　站在三叠泉瀑布前的观景石台上举目望去，但见全长近百米的白练由北崖口悬注于大盘石之上，又飞泻到第二级大盘石，再稍作停息，便又一次喷洒到第三级大盘石上。白练悬挂于空中，三叠分明，正如古人所云："上级如飘云拖练，中级如碎石摧冰，下级如玉龙走潭。"而在水流飞溅中，远隔十几米仍觉湿意扑面。

黄河壶口瀑布

　　壶口瀑布位于陕西省宜川县和山西省吉县之间，主瀑布宽约40米，落差30多米。黄河在偏关老牛湾撞开了山西的大门，然后转而奔流向南，好似一把利剑把黄土高原一劈两半，豁开一道深邃的峡谷。250米的河谷变成30米。滔滔黄河，奔流到此，河道急剧变窄，这时河水奔腾怒啸，跌进约30米落差的深潭中，山鸣谷应，形若巨壶沸腾，故名"壶口瀑布"。

地球之肾——湿地沼泽

　　湿地是地球表面最具生命力和生态服务功能的生态系统，被誉为"天然物种库"、"地球之肾"和"天然水库"。然而，目前湿地已成为地球上受威胁最为严重的生态系统。许多湿地正经历着退化和丧失的过程，这直接威胁着人类的生存与发展。因此保护和合理利用湿地资源愈来愈引起世界各国的高度重视，成为国际社会普遍关注和研究的热点。我国是湿地大国，湿地面积占世界第四位、亚洲第一位。健康的湿地生态系统，是国家生态安全的重要组成部分和经济社会可持续发展的重要基础。保护湿地，对于维护生态平衡，改善生态环境，促进人与自然和谐，具有十分重要的意义。每年的2月2日是世界湿地日。

湿地概述

美丽的湿地风光

湿地是地球上一种重要的生态系统。它处于陆地生态系统（如森林和草地）与水生生态系统（如深水湖和海洋）之间。换言之，湿地是陆地生态系统和水生生态系统之间的过渡带。湿地结合了陆地生态系统和水生生态系统的属性，但又不同于二者。

湿地的水文条件是湿地属性的决定性因素。湿地既不像陆地生态系统那样干，也不像水生生态系统那样有永久性深水层，而是经常处于土壤水分饱和或有浅水层覆盖的状态。湿地与陆地生态系统的分界在土壤水分饱和范围的边缘；而与深水系统的交界一般定为水深2米，相当于挺水植物可以生长范围边界。水的来源（如降水、地表延流、地下水、潮汐和泛滥河流）、水深、水流方式，以及淹水的持续期和频率决定了湿地的多样性。

水对湿地土壤的发育有深刻的影响。湿地土壤通常称为湿土或水成土。美国水土保持局给水成土下的定义是：在生长季足够长的时间内，在不排水的条件下是饱和的、淹水的或成塘的，形成有利于水生植物生长和繁殖的无氧条件的土壤。

湿地由于其特殊的水文条件和水成土，支持了独特的适应此条件的生物系统。湿地有丰富的生物种类和很高的生产力。植被往往是湿地辨识的重要标志。

对于湿地，有广义的和狭义的两种定义。水饱和或淹浅水、水成土和水生植被三者都具备的土地称为湿地，这是狭义的定义。三者只要有主要是水文条件具备的土地就是湿地，这是广义的定义。看来，狭义的湿地定义有些偏窄，广义的湿地定义又嫌太宽，故只要有周期性淹水和水成土的土地就可以称为湿地。

三个条件都存在的湿地是沼泽。沼泽只是湿地的一种主要类型。没有土壤水饱和或土壤覆盖浅水层就不是湿地。没有土壤的岩岸，没有水成土的新水库，及非土壤基质的河滩都不在狭义湿地范畴之内。某些地方（如低洼地）暂时不存在水生植被，但存在有利于水生植物生长的湿土条件，也应属于湿地之列。

▶ 湿地为人类造福

湿地被誉为"地球之肾"，具有调节气候、调蓄水量、净化水体、美化环境等多种功能，在各类生态系统中，其服务价值居于首位。具体作用如下：

（1）提供水源：湿地常常作为居民生活用水、工业生产用水和农业灌溉用水的水源。溪流、河流、池塘、湖泊中都有可以直接利用的水。

（2）补充地下水：我们平时所用的水有很多是从地下开采出来的，而湿地可以为地下蓄水层补充水源。从湿地到蓄水层的水可以成为地下水系统的一部分，又可以为周围地区的工农业生产提供水源。如果湿地受到破坏或消失，就无法为地下蓄水层供水，地下水资源就会减少。

（3）调节流量，控制洪水：湿地是一个巨大的蓄水库，可以在暴雨和河流涨水期储存过量的降水，然后均匀地把径流放出，减弱危害下游的洪水，因此保护湿地就是保护天然储水系统。

广角镜

农 药

农药可以用来杀灭昆虫、真菌和其他危害作物生长的生物。最早使用的农药有滴滴涕、六六六等，它们能大量消灭害虫。但它们的稳定性好，能在环境中长期存在，并在动植物及人体中不断积累，为此被淘汰。后来改用有机磷农药，如敌敌畏等，替代最初的农药。然而它们的毒性太大，对人畜的危害很大。近年来，一批高效低毒的农药出现，现在人们已经找到了具有专一性的农药，即激素类农药。

（4）保护堤岸，防风：湿地中生长着多种多样的植物，这些湿地植被可以抵御海浪、台风和风暴的冲击力，防止它们对海岸的侵蚀，同时它们的根系可以固定、稳定堤岸和海岸，保护沿海工农业生产。

（5）清除和转化毒物和杂质：湿地有助于减缓水流的速度，当含有毒物和杂质（农药、生活污水和工业排放物）的流水经过湿地时，流速减慢，有利于毒物和杂质的沉淀和排除。此外，一些湿地植物像芦苇、水湖莲能有效地吸收有毒物质。在现实生活中，不少湿地可以用作小型生活污水处理地，这一过程能够提高水的质量，有益于人们的生活和生产。

（6）保留营养物质：流水流经湿地时，其中所含的营养成分被湿地植被吸收，或者积累在湿地泥层之中，净化了下游水源。湿地中的营养物质养育了鱼虾、树林、野生动物和湿地农作物。

（7）防止盐水入侵：沼泽、河流、小溪等湿地向外流出的淡水限制了海水的回灌，沿岸植被也有助于防止潮水流入河流。但是如果过多抽取或排干湿地，破坏植被，淡水流量就会减少，海水就会大量入侵河流，减少了人们生活、工农业生产及生态系统的淡水供应。

（8）提供可利用的资源：湿地可以给我们提供多种多样的产物，包括木材、药材、动物皮革、肉蛋、鱼虾、牧草、水果等，还可以提供水电、泥炭薪柴等多种能源。

（9）保持小气候：湿地可以影响小气候。湿地水分通过蒸发成为水蒸气，然后又以降水的形式降到周围地区，保持当地的湿度和降雨量，影响当地人民的生活和工农业生产。

（10）野生动物的栖息地：湿地是鸟类、鱼类、两栖动物的繁殖、栖息、迁徙、越冬的场所，其中有许多是珍稀、濒危物种。

（11）航运：湿地的开阔水域为航运提供了条件，具有重要的航运价值，沿海、沿江地区经济的迅速发展主要依赖于此。

（12）旅游休闲：湿地具有自然观光、娱乐等方面的功能，蕴涵着秀丽的自然风光，成为人们观光旅游的好地方。

（13）教育和科研价值：复杂的湿地生态系统、丰富的动植物群落、珍贵的濒危物种等，在自然科学教育和研究中都具有十分重要的作用。

🔘 浅谈湿地的保护

　　湿地是人类最重要的环境资本之一，被科学家们称为"生命的摇篮"、"地球之肾"、"自然界重要的基因库"。湿地不但具有丰富的资源，还有巨大的环境调节功能和生态效益。它们在提供水资源、调节气候、涵养水源、均化洪水、促淤造陆、降解污染物、保护生物多样性和为人类提供生产与生活资源方面发挥了重要作用。然而，伴随着全球化进程的加快，湿地正在面临着多样性生态系统被破坏的危险。保护湿地日益成为一个世界性的问题。

　　随着湿地面积的日益缩减，湿地生物多样性的问题逐渐引起人们关注。山东省地质测绘院完成的《山东省湿地资源调查报告》显示，山东省湿地总面积约 17 122 平方千米，是长江以北湿地面积最多的省份之一。

　　调查结果显示，该省湿地资源分为近海及海岸带、湖泊、河流、沼泽湿地四大类，基本特征是自然湿地迅速减少，人工湿地面积大幅增加，黄河三角洲湿地成为自然湿地的"新秀"。具体分布为：近海及海岸湿地面积约 9 941 平方千米，占全省湿地面积的 58%，在国内占有重要地位。

　　门类齐全、面积广阔的湿地，造就了该省良好的生态，使该省成为最适宜人类生存的地区之一。但近年来，随着人类对土地资源需要的增长以及水土流失、干旱等自然灾害的作用，该省湿地保护形势日益严峻。与 20 世纪 50 年代相比，该省湿地变化巨大：①湖泊、河流湿地面积逐年缩小。沂沭河流域是该省南部重要的湿地，但大量的水库建设使河流水面迅速减少。②湿地受到较严重的污染。工业废水、围湖养殖、海岸滩涂养殖，导致湖泊、

趣味点击　　水土流失

　　人类对土地的利用，特别是对水土资源不合理的开发和经营，使土壤的覆盖物遭受破坏。裸露的土壤受水力冲蚀，流失量大于母质层育化成土壤的量。土壤流失由表土流失、心土流失而至母质流失，终使岩石暴露。

黄河三角洲湿地

河流、浅海污染和海水富营养化，严重危及动植物和人类的生存。③自20世纪50年代以来，该省各地修建了大量的水库，水库面积净增约1 186平方千米，这些库塘湿地为防止旱涝灾害起到了巨大的作用，但对流域的生态环境也产生了巨大影响。

有关专家指出，湿地的逐年减少，除自然灾害外，主要是人为开发台田、养殖等造成的。黄河三角洲湿地是该省最大也是唯一自然增长的湿地，应当搞好保护规划，防止人为开发导致新的危机。

早日着手保护湿地，将对未来发展产生重大影响。保护好今天的湿地也就是保护了未来国家发展的战略资源。

🔍 世界上最大的湿地——潘塔纳尔沼泽地

潘塔纳尔沼泽地是世界上最大的湿地，位于巴西马托格罗索州的南部地区，面积达2 500万公顷。沼泽地内分布着大量的河流、湖泊和平原。其中的湿地、草原、亚马孙和大西洋森林都是南美洲具有代表性的生态系统。除了丰富的植物资源外，沼泽地内还栖息着650种鸟类、230种鱼类、95种哺乳动物和167种爬行动物，以及35种两栖动物。

由于潘塔纳尔沼泽地自然条件特殊，生物种类繁多。2000年11月，它被联合国教科文组织列为世界生物圈保护区，同年又被联合国教科文组织列入人类自然遗产名单。

潘塔纳尔沼泽地分雨季和旱季，夏季温度在32℃左右，冬季温度在21℃左右。每到雨季，那里就像一片一望无际的海洋，此时人们可以边乘船在植物稀少的水面上自由漂流，边欣赏在树枝上嬉戏的各种飞鸟和无数只聚集在高地上的珍奇动物。

生 物 圈

生物圈是地球上最大的生态系统，也是最大的生命系统。生物圈是自然灾害的主要发生地，它衍生出环境生态灾害。生物圈是地球上凡是出现并感到生命活动影响的地区，是地表有机体包括微生物及其自下而上环境的总称，是行星地球特有的圈层，也是人类诞生和生存的空间。生物圈的范围是大气圈的底部、水圈大部、岩石圈表面。

每到旱季，整个湿地的水量急剧下落，形成了一个个面积不同、形状各异的湖泊和河流。这样所有水中的动物也都比较集中，尤其是食人鱼和鳄鱼，同时各种飞鸟也都赶到退水的地区，赶食地上留下的各种贝类和微生物。

潘塔纳尔沼泽地

此时，无论是地上，还是树上或者蓝天上，到处都是成群的五颜六色的飞鸟。它们当中，既有小小的蜂鸟，又有号称"鸟中之王"的长达 1.4 米的大嘴巨鹳，同时还有 100 多种色彩斑斓的蝴蝶加以点缀，使这块湿地变成了一幅美丽的画卷。据说，在这块沼泽地上还生息着近 1 000 万只鳄鱼。每到雨季，它们四处游动，到了旱季，水越来越少，鳄鱼也越来越集中。无论在水中还是在陆地上，随处可以看到鳄鱼的身影。

根据卫星图像资料显示，潘塔纳尔沼泽地正在以每年 2.3% 的速度减少。按照这个速度发展下去，45 年后这块世界上最大的湿地将在地球上消失。巴西政府已经意识到这一事件的严重性，特别成立了潘塔纳尔生物保护圈管理委员会，负责制定和实施保护潘塔纳尔沼泽地的行动计划。

中国最大的湿地——拉鲁湿地

中国最大的湿地是拉萨的拉鲁湿地，拉鲁湿地国家自然保护区总面积 6.2 平方千米，平均海拔 3 645 米，是典型的青藏高原湿地，属于芦苇泥炭沼泽。这里湿润的气候和丰美的水草在高原上十分难得，每年引来大批赤麻鸭、黄鸭、西藏毛腿沙鸡、斑头雁、棕头鸥、戴胜、百灵和云雀等各种野生鸟类，另有少量国家一类保护动物黑颈鹤在此嬉戏。这处世界海拔最高、面积最大的城市天然湿地，也是中国唯一的城市内陆天然湿地。1999 年 5 月，拉鲁湿地被批准为区级自然保护区；2000 年，拉鲁湿地管理站成立；2005 年 8 月被列为国家级自然保护区，被誉为拉萨的"大氧吧"。

拉鲁湿地风光

拉鲁湿地国家级自然保护区位于西藏自治区首府拉萨市西北角，区域平均海拔 3 645 米，自然保护区面积 620 公顷，其中缓冲区面积 3.39 平方千米，实验区面积 2.21 平方千米，核心区占拉萨市建成区面积的 11.5 倍。拉鲁湿地是世界稀有的、国内最大的城市湿地。其北面大约 6.6 千米处为高山环绕，属冈底斯山系东延部分；东北面与娘热、夺底两条沟谷汇集成的流沙河相接；东面与城关区拉鲁乡居民区及巴尔库路接壤；南面紧邻拉萨城区，以拉萨引水灌溉渠——中干渠和当热路为界，总面积 6.2 平方千米，为典型的青藏高原湿地。根据中国湿地分类系统，应属于芦苇泥炭沼泽。

拉鲁湿地所在的拉萨河谷属藏南高原温带半干旱季风气候区，阳光充足日照长，空气干燥蒸发大，降雨量少气压低，雨旱季分明，多夜雨。该区年平均气温 7.5℃，年平均降水量 444.8 毫米，降水量的 89% 集中在 6~9 月份，年平均蒸发量为 2 206 毫米，年日照时数达 3 088 小时，年总辐射量为 186 千卡／平方厘米。

土壤类型以腐泥湿地土、泥炭湿地土和泥炭土为主，属芦苇泥炭湿地。植被类型主要为湿地草甸，植物种类多样性较高，以高原特有的水生及半水生和草地植物为主。

拉鲁湿地位于城市之内，和其他的远离人类干扰的湿地环境相差很远，人类的行为如建筑、捕捞、采石、挖沙、放牧等干扰湿地，城市的排泄物、生活垃圾，甚至人工培植的动植物繁殖体，都要随着水渠和洪水冲刷进入湿地。所以它的最大特征也就是城市湿地。人类和城市的影响，给它留下了深深的印迹。其次是它的过渡性。由于拉鲁湿地介于城市和草地二者的边缘地区，一边是城市的主要干道，一边是高山草地和灌木草场，边际的抗干扰能力弱、生物多样性高，是一个由水生植物、沼生植物、动物和微生物等生物因素，以及太阳辐射、气候、水文、工灌等环境因素通过物质循环、能量流动和信息传递构成的独特的生态系统。湿地环境复杂多样，边缘效应显著。它不仅作为水禽的栖息地，而且具有调节气候和水系水量、降解水污染物、维持较高的生物多样性和生物生产力等生态功能。

由于拉鲁湿地独特的高原气候特点，该区域内动物种类以水生水栖为主。脊椎动物种类也有分布，但多为迁徙种类，如黑颈鹤、赤麻鸭等。鸟类有西藏毛腿沙鸡、褐背地鸦、斑头雁、棕头鸥、银鸥、胡兀鹫等，现在夏季水域中鹬的数量较多，白瓷鹤、戴胜、百灵、雪雀数量较丰。冬季赤麻鸭是水禽的优势种，也有少数黑颈鹤。哺乳类分布在沼泽草甸上，过去记录有藏狐、鼠兔、野兔等，但随着环境的变化，除了留下的鼠洞和鼠兔外，其他哺乳动物已不见踪影。高原蛙依然是最普通的两栖动物，湿地中人为放入的家鱼有础鱼、泥鳅等，很大程度上已经取代了野生鱼类。

拉鲁湿地接受、保持、再循环了从土壤中不断冲刷下来的营养元素，维持了大量植物的生长。该区域内植物多样性高，植物种类以高原特有的水生及半水生和草地植物为主。野生植物植被主要以芦苇群落和中生型莎草科植物为主。优势种和次优势种包括芦苇、攀蒲、西藏嵩草等。伴生种有垂穗披碱草、早熟禾、浮萍、长管马先蒿、云生毛茛、海乳草、龙胆草等草本植物。原植被群落能够确保湿地长时间地滞留水量，而且草甸植被群落由于植物生长茂盛，水分通过植物向环境空气中的蒸腾量大，是草原植被群落的三倍，因此拉鲁湿地中的水分（含地下水）可通过草甸植物在阳光的作用下不断地蒸腾，从而增加拉萨尔区环境空气中的水分含量，增加湿度。特别是冬春季枯水期，当拉萨河、堆龙河水域面积仅为丰水期的1/3，流沙河干枯时，拉鲁湿地对保持拉萨市区空气的湿度起了重要的和不可替代的作用，是名副其实的"城市之肺"。

据专家预算，拉鲁湿地每年通过光合作用，吸收7.88万吨二氧化碳，产生5.37万吨氧气。拉萨人形象地称其为古城拉萨的"天然氧吧"。湿地每年还可吸附拉萨市区空气中5 475吨尘埃，如果利用好了，每年还可处理1 000万吨以上的城市污水。2003年，拉萨市空气质量优良天数为354天，优良率达96.98%，拉鲁湿地功不可没。拉鲁湿地得到了拉萨市民及外国游客的赞誉。

基本小知识

光合作用

光合作用即光能合成作用，是植物、藻类和某些细菌，在可见光的照射下，经过光反应和碳反应，利用光合色素，将二氧化碳（或硫化氢）和水转化为有机物，并释放出氧气（或氢气）的生化过程。光合作用是一系列复杂的代谢反应的总和，是生物界赖以生存的基础，也是地球碳氧循环的重要媒介。

该湿地保护区曾在早期作为专用的牧场，牲畜少，水草茂盛，高度达到2米，鸟类繁多，面积曾达数十平方千米。以后多次曾在该湿地挖泥炭，造农田。到20世纪60年代，该湿地的面积已退缩不到10平方千米。之后，这里又进行过黄牛改良、菜篮子工程、农田建设等活动。尔后，随着城市建设的加快，又有一些单位和个人进驻湿地，致使湿地面积日益萎缩。到2009年，只保留着6.2平方千米的范围，虽然已经有所退减，但还是占拉萨市总面积的11.7%，区域内以沼泽草甸为主的植被覆盖率达到95%以上。拉鲁湿地所在的拉萨河谷，属藏南高原温带半干旱季风气候区。阳光充足日照长，空气干燥蒸发大，降雨量少气压低，东风最多西风大，主导风向为东南风。

　　该湿地保护区是中国各大城市中唯一幸存的最大天然湿地。该湿地在调节拉萨气候，吸尘防沙，美化拉萨市区环境，增加市内空气湿润程度和补充氧气，维护生态平衡，促进拉萨市城市生态系统的良性循环和城市环境质量的改善等方面都具有十分重大的意义。此外，拉萨属于世界历史文化名城，市区内除

布达拉宫

有举世闻名的布达拉宫外，还有哲蚌寺、大昭寺、罗布林卡等历史文化古迹，所以对该湿地的保护不但具有环境意义，而且具有社会意义。

◆ 中国首家湿地公园——广州万顷沙湿地

　　广州万顷沙湿地的资源很丰富，而且是珠江三角洲的一块很重要的湿地，现在已建成我国首家湿地公园。

　　公园离广州闹市区只有五六十千米，却是个"一川稻田绿，十里荷花香，千池鱼虾跳，万顷碧波流"的"世外桃源"。富饶美丽的万顷沙，良好的生态环境，使人们融入了大自然的韵律，心旷神怡。水网纵横交错，一块块碧绿方正的田园镶嵌在防护林带之间。万亩稻田、万亩蕉园、万亩葵花、万亩莲荷、万亩鱼塘、万亩果林，气势磅礴地构成了万顷沙南国水乡的田园风光。过了"百万葵园"，便转入"海景走廊"，也就是"广州湿地公园"。各种草本、灌木、乔木植物，构成了一片绿洲，有浓绿、淡绿、黄绿、深绿、新绿。右边是浩瀚的大海，江海连天，千帆竞楫。

　　湿地公园的核心区，是一个 3 000 亩的植物园。这里引进了 30 多种植物在盐碱地上种植，有东南亚的无瓣海桑，生长得特别嫩绿壮实，枝叶飘摇，种植不到两年时间已有五六米高；来自华北盐碱地上的红柳开着粉红色米粒

黑脸琵鹭

状的小花，地上也萌发出许多浓绿色的小苗；芦苇在不断地扩张地盘，一幅芦苇荡的美景正在孕育；有"海底森林"之称的木榄，正在海滩上布网；还有大叶紫薇、水蒲桃、水黄皮等树种都生长良好。公园正处在生态环境培育的初步阶段，开始把荒沙滩变成绿洲。

据华南濒危动物研究所鉴定，湿地公园已发现的鸟类有 22 种，主要有黑翅长脚靓苍鹭、斑嘴鸭、白骨顶、燕鸥、花脸鸭、黑脸琵鹭、白琵鹭等，是一个"鸟儿天堂"。深居朝鲜半岛"三八线"的黑脸琵鹭，全球目前仅存 774 只，比大熊猫还珍贵。黑脸琵鹭过去大多数在台湾省台南市的曾文溪口越冬，近年来已越来越少。由于珠江口的湿地环境逐渐得到改善，它们每年中秋时节，顺着北方的气流，带着刚刚长大的幼鸟经过数千千米长途跋涉，一路风尘，飞到这里来，开始一年中长达 6 个月的越冬生活。

为了保护鸟类的栖息地，当地政府和森林公安分局以及围垦公司的工作人员日夜巡逻，宣传禁猎的法令。广州湿地公园位于新垦的十九涌，面积 170 万平方米。为了不惊扰鸟儿，他们规定从十五涌开始，就不准燃放鞭炮，以保持公园的安静。

拓展阅读

洪奇沥

洪奇沥是广州市、中山市与佛山市的界河，上接潭洲水道和容桂水道，下泻珠江八大口门之一的洪奇门，注入伶仃洋，并与珠江另一口门——横门相通，因每年汛期，洪水受海潮顶托，水势奇汹，谓之洪奇，故名。全长约 50 千米，平均宽度 500～1 000 米。因泥沙不断沉积，航道水深仅 3～5 米，且因沿途有众多的支流汇入，水文紊乱，泄洪及航运能力逐渐萎退。

万顷沙是由珠江流域的虎门、蕉门、洪奇沥三条支流流出的泥沙天然淤积与人工围垦而成。这里每年有 5 000 万吨泥沙下泄。由于河水流速骤然减慢，加上南海潮流的顶托，以及咸淡水混合产生的化学凝聚作用，大量泥沙便在出海口滞留下来，积聚成海涂。近年来勘测的资料表明，这一带水面不到 5 米的海涂约有 30 多万亩，其中离水面不到 2 米的海涂就有 20 万亩。这些海涂平均每年向海中延伸 100～200 米，淤高 5～10 厘米。从 18 世纪初这里出现沙洲起，经过人们一代又一代的围垦，逐渐形成了大片湿地。

◆ 中国最美的六大湿地

2005 年 10 月 23 日，中国最美的地方排行榜在北京发布。此次由《中国国家地理》主办，全国 34 家媒体协办的"中国最美的地方"评选活动，历时 8 个月，共评出"专家学会组"、"媒体大众组"与"网络手机人气组"三类奖项。由中国国家地理杂志社浓墨重彩推出的"专家学会组"奖项则别具一格，分成了山、湖泊、森林、草原、沙漠、雅丹地貌、海岛、海岸、瀑布、冰川、峡谷、城区、乡村古镇、旅游洞穴、沼泽湿地 15 个类型。评选出的中国最美的六大沼泽湿地中若尔盖居首位。

甘肃省南部的若尔盖县位于青藏高原东部的边缘地带，地处阿坝藏族羌族自治州北部。四邻分别与甘肃省玛曲、碌曲、卓尼、迭部四县和州内阿坝、红原、松潘、南坪四县接壤。东西与南北最大距离约 150 千米，土地总面积 10 436.58 平方千米。全县人口 6.41 万人，平均每平方千米 6.142 人。县城达扎寺镇是全县政治、经济、文化中心，

美丽的若尔盖

距兰州533千米，离州府驻地马尔康330千米，南距成都596千米。

唐克马

牧业区，属河曲马品系的唐克马是全国三大名马之一。主要河流有嘎曲、墨曲和热曲，从南向北汇入黄河。北部和东南部山地是秦岭西部迭山余脉和岷山北部尾端，境内山高谷深，地势陡峭，海拔2 400～4 200米，主要河流有白龙江、包座河和巴西河。该区是本县的半农半牧区，占全县总面积的31%，有农耕地800万平方米，适宜种植一年生农作物。粮食作物以青稞为主，其次有小麦、豆类作物和洋芋等。主要经济作物有油菜和亚麻，还出产少量苹果和花椒。该地区木材资源丰富，森林面积101 139.5公顷，活立木总蓄积量达3 123.22万立方米。主要有冷杉、云杉

若尔盖县境内地形复杂，黄河与长江流域的分水岭将全县划分为两个截然不同的地理单元和自然经济区。中西部和南部为典型的丘状高原，占全县总面积的69%，地势由南向北倾斜，平均海拔3 500米，境内丘陵起伏，谷地开阔，河曲发达，水草丰茂，适宜放牧，以饲养牦牛、绵羊和马为主，是该县的纯

拓展阅读

冷杉

冷杉是松科的一属，有50余种。常绿乔木，树干端直，枝条轮生。它分布于欧洲、亚洲、北美洲、中美洲及非洲最北部的亚高山至高山地带。冷杉属植物发生于晚白垩纪，至第三纪中新世及第四纪种类增多，分布区扩大，经冰期与间冰期保留下来，繁衍至今。冷杉具有较强的耐阴性，适应温凉和寒冷的气候，土壤以山地棕壤、暗棕壤为主。常在高纬度地区至低纬度的亚高山至高山地带的阴坡、半阴坡及谷地形成纯林，或与性喜冷湿的云杉、落叶松、铁杉和某些松树及阔叶树组成针叶混交林或针阔混交林。

等优质树种。

若尔盖县地域辽阔，资源富集，优势突出。旅游资源丰富而独特，既有黄河九曲第一湾、热尔大草原、纳摩神居峡、降扎温泉、国家级湿地自然保护区、省级铁布梅花鹿自然保护区、包座原始森林等自然景观，又有巴西会议会址、包座战役遗址、古潘州遗址等人文景观，是大九寨国际旅游区的核心组成部分。畜牧资源得天独厚，有天然草原 121 263 万平方米，其中可利用草原 97 800 万平方米，常年饲养牦牛、藏系绵羊、河曲马等草食牲畜 100 万混合头，是四川省重要的草饲畜牧业基地。

野生动植物种类繁多，有脊椎动物 250 余种，其中国家一级保护动物 9 种，二级保护动物 41 种；有野生植物 1 100 余种，盛产贝母、虫草、秦艽、羌活、大黄、鹿茸、雪莲花等名贵中药材。矿产资源有泥炭、煤、铁、铜、铀、金等 30 多种，特别是泥炭资源极为丰富，储量达 41 亿立方米。可开发的水能资源 3.37 万千瓦。

在我国有两个现实中的天鹅湖，一个是位于新疆天山中部库尔勒的巴音布鲁克国家级自然保护区，另一个知名的天鹅湖位于山东省荣成。

巴音布鲁克草原位于天山山脉的尤尔都斯山间盆地、和静县境内西北部，是仅次于鄂尔多斯的我国第二大草原，面积 2.4 万平方千米，海拔 2 300 ~ 2 800 米。该地区的居民主要是蒙古族，约占该地区人口的 78%。当地蒙古族牧民对天鹅倍加保护，与天鹅恬然相处。这里幅员辽阔，地势平坦，水草丰美。一

巴音布鲁克天鹅湖自然保护区风光

望无际碧绿的草原，遍地是优质的"酥油草"，哺育着 60 多万头牛羊，是新疆的牧业基地之一。这里盛产的"焉耆马"、"茶腾大尾羊"、"新疆细毛羊"最为驰名。

在巴音布鲁克草原的中心地带，有许多大小不等、相互连接的湖泊，长约 30 千米，宽约 10 千米，海拔在 2 500 米以上。这就是我国著名的巴音布鲁

克天鹅湖自然保护区。

天鹅湖位于辽阔的巴音布鲁克草原腹地的一个山间盆地，曲折逶迤的河岸仿佛一条条迎风飘舞的银链，星罗棋布的水泊又似银链上镶嵌的颗颗珍珠。河流、湖泊和草原便是天鹅的家园。清晨，当远处的蒙古包升起袅袅炊烟时，大大小小的天鹅们，有的开始休憩，有的开始觅食，有些勤奋的天鹅，展翅掠过湖面，飞过马背、羊群和蒙古包，在远方的山谷里盘旋。

三江平原

三江平原汉、魏时期的遗址位于黑龙江省佳木斯市、双鸭山市及宝清、友谊、富锦等市县，是汉、魏时期的遗址。根据有无防御设施而将其分为"城址"和"遗址"两类。

其中城址多为山地城址，少有平原城址，城址则有一至四道不等的城垣。遗址除了不同规格的聚居址之外，还有祭祀遗址、防御遗址和瞭望遗址等。

较为重要的遗址包括，炮台山古城遗址、兴隆山遗址群、北斗七星祭坛遗址等。其中北斗七星祭坛遗址是中国迄今为止首次发现的以天文星座布局构建的古代城市。炮台山遗址和北斗七星祭坛遗址，是三江平原汉、魏时期东夷民族文化的主要标志，同时也说明，包括道家思想在内的华夏文明那时已经传播到了偏远的北疆。

三江平原汉、魏时期遗址，分布密集，保存完整，类型丰富，

你知道吗

三江平原

三江平原，又称三江低地，位于东北平原东北部，中国最大的沼泽分布区。三江平原的"三江"即黑龙江、乌苏里江和松花江，三条大江浩浩荡荡，汇流、冲积而成了这块低平的沃土。区内水资源丰富，总量187.64亿立方米，人均耕地面积大致相当于全国平均水平的5倍，在低山丘陵地带还分布有252万公顷的针阔混交林。

在国内乃至世界范围内都是罕见的，对于研究东北地区古代史、东北边疆史以及与中原关系等具有重要的作用。

黄河三角洲国家级自然保护区位于黄河入海口两侧新淤地带，总面积为15.3万公顷，其中核心区面积7.9万公顷，缓冲面积1.1万公顷，实验区面积6.3公顷。该保护区地理位置优越，生态类型独特，是中国暖温带最完整、最广阔、最年轻的湿地生态系统，是东北亚内陆和环西太平洋鸟类迁徙的重要"中转站、越冬栖息和繁殖地"，是全国最大的河口三角洲自然保护区，是世界范围内河口湿地生态系统中极具代表性的范例之一。

自然保护区内分布各种野生动物达1 524种，其中海洋性水生动物418种，属国家重点保护的有江豚、宽吻海豚、斑海豹、小须鲸、伪虎鲸5种；淡水鱼类108种，属国家重点保护的有达氏鲟、白鲟、松江鲈3种；鸟类265种，属国家一级保护的有丹顶鹤、白头鹤、白鹳、金雕、大鸨、中华秋沙鸭、白尾海雕7种，属

达氏鲟

国家二级保护的有灰鹤、大天鹅、鸳鸯等33种。世界上存量极少的稀有鸟类黑嘴鸥，在自然保护区内有较多分布，并做巢、产卵、繁衍生息于此。自然保护区内植物393种，属国家二级重点保护的濒危植物野大豆分布广泛，天然苇荡32 772公顷，天然草场18 143公顷，天然实生树林675公顷，天然红柳灌木林8 126公顷，人工刺槐林5 603公顷。

黑龙江扎龙自然保护区是中国著名的珍贵水禽自然保护区，位于乌裕尔河下游，西北距齐齐哈尔市30千米。这里的主要保护对象是丹

扎龙自然保护区

顶鹤及其他野生珍禽，被誉为鸟和水禽的"天然乐园"。

扎龙自然保护区占地 4 万平方千米，河道纵横，湖泊沼泽星罗棋布，湿地生态保持良好。扎龙自然保护区以鹤著称于世，全世界共有 15 种鹤，此区即占有 6 种，它们是丹顶鹤、白头鹤、白枕鹤、蓑羽鹤、白鹤和灰鹤。此区现有丹顶鹤 500 多只，约占全世界丹顶鹤总数的 1/4。除鹤以外，还有大天鹅、小天鹅、大白鹭、草鹭、白鹳等，真可谓野生珍禽的王国。

辽河三角洲地处辽河、大辽河入海口交汇处。域内的双台河口（即辽河口）国家级自然保护区是全国最大的湿地自然保护区，其独特的地理环境，孕育了美丽怡人的湿地风光。这里有绵延数百平方千米、面积居世界第一的芦苇荡，有一望无际的天下奇观红海滩，有被誉为湿地之神的珍稀鸟类丹顶鹤、濒危物种黑嘴鸥等 200 余种候鸟。

双台河口国家级自然保护区位于辽宁省盘锦市境内，距市区约 30 千米，地处渤海辽宁湾顶部双台河入海处，地理坐标介于东经 121°30′~122°，北纬 40°45′~41°10′，总面积 12.8 万公顷，是目前世界上保存最好、面积最大、植被类型最完整的生态地块。

盘锦红海滩

双台河口自然保护区属河流下游平原草甸草原区，以苇田、沼泽草地、滩涂为主。区内木本植物较少，只有零星的杨、柳、榆树及红柳灌木丛。草本植物却有芦苇、香蒲、牛鞭草、水木贼、慈菇、三棱草、碱蓬、水蒿等 126 种。区内野生动物有 699 种，因这片湿地是东亚至澳大利亚水禽迁徙路线上的中转站、目的地，在区内 236 种鸟类中，水禽竟有百余种上百万只。其中国家一类保护鸟类有丹顶鹤、白鹤、白鹳、黑鹳 4 种；二类保护鸟类有大天鹅、灰鹤、白额雁等 27 种；濒危物种有黑嘴鸥、斑背大尾莺、震旦雅雀、灰瓣蹼鹬 4 种。其中黑嘴鸥，全世界仅有 3 000 余只，辽宁双台河口自然保护区内就有 2 000 余只。历年在这里停歇的丹顶鹤有 400 余只，白鹳 360 余只，白鹤 430 余只，分别占世界野生种群的 25%、20%、20%。

各具特色的湿地公园

苏州太湖湿地公园坐落在"人间天堂"苏州市区的西部，西枕太湖，东接东渚，南联光福，与"中国刺绣之乡"镇湖毗邻，规划总面积4.6平方千米。作为天然湿地，该地区原为太湖的一处秀丽湖湾，水壤交错，有茭芦莲菱、鱼虾蛳蛤之利，更有白鹭飞天、蛙鸣鸟啾之

太湖湿地公园

境。当地人文荟萃、物产丰富，因春秋时吴王常来此游湖而史称"游湖"。2007年6月，苏州太湖湿地公园被江苏省林业局命名为省级湿地公园，已于2010年2月正式对外开放。

你知道吗

太湖

太湖位于中国江苏和浙江两省的交界处，长江三角洲的南部，流域面积3.69万平方千米，水面面积2338平方千米，整个太湖水系共有大小湖泊180多个。它是中国东部近海区域最大的湖泊，也是中国的第三大淡水湖。太湖以优美的湖光山色和灿烂的人文景观著称，是中国著名的风景名胜区。

苏州太湖湿地公园是一个自然与文化相融的个性独具的原始时尚休闲景区，汇集了生态环境、度假休闲、旅游观光、科普教育等功能于一体。景区在突出"自然、生态、野趣"的基础上，融入观景、人文、休闲和游乐等要素，规划设计了湿地渔业体验区、湿地展示区、湿地生态栖息地、湿地生态培育区、水乡游赏休闲区、湿地生态科教基地、原生湿地保护区七大功能区，全面展现

了现代水上田园的自然生态景观。

景区内50余座名称造型各异的桥梁，与五里木栈道蜿蜒相连，错落有致

地贯穿整个湿地公园。桃源人家、桑梓人家、七桅古船、渔矶台、槿篱茅舍、半岛茗茶、客至画舫、烟波致爽等景点，让人时而如同打开一册底蕴深厚的志书史籍，时而又有轻松翻阅风情风物掌故逸兴读物的美妙感觉；而植物知识长廊广场、濒危植物观察廊、水八仙景区、观鸟亭、湿地栖息岛等景点又将人们带入了一个科普知识的教育园地，使游客汲取了生态科学知识，提升了自然生态的环保理念。

基本小知识

栈　道

栈道又称栈阁之道，这是古代交通史上的一大发明。人们为了在深山峡谷通行，且平坦无阻，便在河水隔绝的悬崖绝壁上用器物开凿一些棱形的孔穴，孔穴内插上石桩或木桩。上面横铺木板或石板，可以行人和通车，这就叫栈道。为了防止这些木桩和木板不被雨淋变朽而腐烂，人们又在栈道的顶端建起房亭，亦称廊亭，这就是阁，亦称栈阁。相连贯的称呼，就叫栈阁之道，简称为栈道。

苏州太湖湿地公园的建成，极大地提升了苏州高新区的生态环境，进一步丰富了苏州高新区旅游的构架和内涵，已经成为苏州旅游的新地标。

梁鸿湿地

梁鸿湿地位于江苏省无锡市旅游景区中国吴文化博览园境内，东与鸿山遗址公园农业生态展示区接壤，西边濒临泰伯渎，北起泰伯渎瞻桥，南至自然村落桥头巷，总规划面积 133 300 平方米，一期工程 60 000 平方米，2009 年 4 月 10 日开园。

梁鸿湿地以吴地文化为内涵，以江南农耕湿地为依托，融自然野趣的生态湿地、富有魅力的水文化和纯真质朴的田园风光为一体，集聚湿地生态资源保护、科学研究、科普展示、艺术创意和旅游休闲度假等功能，拟建成长江三角洲都市圈中最知名的文化生态湿地。

南沙人工湿地游览区地处出海口珠江西岸。围垦公司经过20多年的围垦和经营，保持了农耕水养的产业结构，土地原始状态良好，生态环境得到妥善保护。放养鱼虾蟹，种植莲藕、香蕉、甘蔗，碧水蓝天，满目青翠。在游览核心区，种植有成片的10多个品种的红树林、芦苇，吸引各种鸟类在这方乐土上繁衍生息，形成珠江三角洲难得一见的鸟类天堂。每年冬季，成千上万的鸟从北方飞来越冬，有24种上万只鸟类在此栖息觅食，其中包括非常珍稀的黑面琵鹭、白琵鹭、黑翅长脚鹬等，野鸭成群、苍鹭伫立。为了吸引多种类和多数量的飞鸟在公园内觅食、栖息、繁衍，湿地内种植红树林维护生态，种植芦苇形成一个上千亩的芦苇荡，大面积种

南沙湿地公园风光

植观赏性荷花形成壮观的荷景，开挖约25千米的迂回曲折小河，形成曲水迷宫。在这里游览，可享受"曲水芦苇荡，鸟息红树林，万顷荷色美，人鸟乐游悠"的意境。

三里河湿地公园风光

三里河湿地公园是北京市第一个湿地生态公园，位于延庆县城西北，是一个西北—东南走向的狭长的自然湿地林带公园。它途经三里河、上水磨、下水磨、北关、王庄、西关等镇、村，全长2 000余米，规划面积120 000平方米，首期已完成51 000平方米河道、村庄、林地的改造与建设。

该公园最大限度地保留了原有

林地、植被，栽植各种乔灌木 2.7 万株，竹子 2 000 株，花卉草坪 10 000 平方米（主要为水生、陆生湿地植物）。园中建有叠水池一座，混凝土园路 4 000 米，木栈道 1 000 米，石群两处，形态迥异、高低错落、参差起伏。尤其是四座小木桥和一座茅草屋，更为游人提供了一个良好的休闲娱乐场所。园中有白马泉一处，位于三里河西侧，此泉四季常流，泉内水草一片碧绿，泉水清澈，甘甜可饮，这是三里河湿地公园的又一迷人景观。

西溪湿地国家公园

西溪湿地国家公园位于浙江省杭州市区西部，距西湖不到 5 千米，是罕见的城中次生湿地。这里生态资源丰富、自然景观质朴、文化积淀深厚，曾与西湖、西泠并称杭州"三西"，是目前国内第一个也是唯一的集城市湿地、农耕湿地、文化湿地于一体的国家湿地公园。2009 年 11 月 3 日，浙江杭州西溪国家湿地公园被列入国际重要湿地名录。

泗县石龙湖国家湿地公园位于安徽省泗县城南 15 千米处，湿地正常水面约 100 多万平方米，是保存完好的典型湿地生态系统。区内水质优良，动植物种类繁多，自然野趣的生态湿地和纯真质朴的田园风光，勾画出秀丽的碧水清波，周围分布着明朝开国名将邓愈故里、西楚霸王项羽驻兵地等历史景观，极具得天独厚的旅游资源。

石龙湖国家湿地公园

北京汉石桥湿地公园自然风景区是北京市唯一现存的大型芦苇沼泽湿地，也是多种珍稀水禽的栖息地，其中国家一级重点保护野生动物 2 种，国家二级重点野生动物 17 种。这里大面积生长的芦苇，在北京近郊地区更是绝无仅有的，成为汉石桥湿地公园的标志性特征，由此赢得了"京东大芦荡"、京郊"小白洋淀"的别称，具有极大的保护和科研价值。

洪泽湖湿地生态水景苑位于洪泽湖湿地国家级自然保护区实验区内，它是集生态游览、科普教育等为一体的旅游景区。洪泽湖湿地国家级自然保护区是江苏省最大的淡水湿地自然保护区，在全国内陆淡水湿地中排名第 12 位，华东第 2 位。2001年 1 月被批准为省级自然保护区，2006 年 2 月 11 日被国务院批准为国家级湿地自然保护区。景区已建成湿地生态博物馆、洪泽湖鱼类水

洪泽湖湿地

族馆、千荷园、鱼类繁育中心、垂钓中心、湿地芦苑区、精品荷花池、水上网球场、沙滩排球场、水上运动中心等旅游景点和一个集餐饮、住宿、娱乐等基础设施于一体的金水山庄度假村。景区外湖水浩淼，原野广袤，景区内荷苑飘香，曲桥蜿蜒，芦荡深深，百鸟齐鸣。游览景区，宛如走进一幅原始、自然、生态的旖旎画卷。

白洋淀湿地保护区风光

白洋淀湿地保护区位于河北省中西部，京津腹地，以各种鱼类、水鸟、湿地原貌、芦苇、荷花、香蒲为主要景观。这里烟波浩淼，风景秀丽，水天相连，苇绿荷红，水草丰美，鱼鸟成群，是我国北方最典型和最具代表性的湖泊和草本沼泽型湿地，是华北最美的湿地，有日出斗金、北国江南之称，是白洋淀旅游必选之地，是纯原生态自然风光。

区内有鸟类 197 种，其中国家一级保护鸟类 4 种（大鸨、白鹤、丹顶鹤、东方白鹳），国家二级保护鸟类 26 种（灰鹤、大天鹅、鹰科、隼科等），有重

要科研、经济和社会价值的 158 种，河北省有重要科研、经济和社会价值的 52 种，有野生两栖爬行动物 3 种，哺乳类 14 种，鱼类 54 种。该自然湿地保护区，还是我国重要的淡水水产品基地之一，鱼、虾、蟹、鸭蛋等销往各省市，拓宽了养殖范围，丰富了人们的餐桌。

沼泽概述

夕阳下的沼泽地

沼泽是指地表过湿或有薄层常年或季节性积水，土壤水分饱和，生长有喜湿性和喜水性沼生植物的地段。由于水多，致使沼泽地土壤缺氧，在厌氧条件下，有机物分解缓慢，只呈半分解状态，故多有泥炭的形成和积累。又由于泥炭吸水性强，致使土壤更加缺氧，物质分解过程更缓慢，氧分也更少。因此，许多沼泽植物的地下部分都不发达，其根系常露出地表，以适应缺氧环境。沼生植物有发达的通气组织，有特殊的繁殖能力。沼泽植被主要由莎草科、禾本科及藓类和少数木本植物组成。沼泽地是纤维植物、药用植物的天然宝库，是珍贵鸟类与鱼类栖息、繁殖和育肥的良好场所。沼泽具有湿润气候、净化环境的功能。

基本小知识

纤维

纤维一般是指细而长的材料。纤维具有弹性强，塑性形变小，强度高等特点，有很高的结晶能力，分子量小，一般为几万。

知识小链接

泥　炭

泥炭是几千年形成的天然沼泽地产物，是煤化程度最低的煤，是煤最原始的状态。无菌、无毒、无污染，通气性能好。质轻、持水、保肥，有利于微生物活动，增强生物性能，营养丰富，既是栽培基质，又是良好的土壤调解剂，并含有很高的有机质、腐殖酸及营养成分。

地球上除南极尚未发现沼泽外，各地均有沼泽分布。地球上最大的泥炭沼泽区在西西伯利亚低地，它南北宽约 800 千米，东西长约 1 800 千米，这个沼泽区堆积了地球全部泥炭的 40%。我国的沼泽主要分布在东北三江平原和青藏高原等地。俄罗斯的西伯利亚地区有大面积的沼泽，欧洲和北美洲北部也有分布。

◤ 沼泽类型

在高纬度地区，典型的沼泽常呈现一定的发育过程：随着泥炭的逐渐积累，基质中的矿质营养由多而少，而地表形态却由低洼而趋向隆起，植物也相应发生改变。沼泽发育过程由低级到高级阶段，因此有富养沼泽（低位沼泽）、中养沼泽（中位沼泽）和贫养沼泽（高位沼泽）之分。其中，低位沼泽、中位沼泽、高位沼泽是根据沼泽土壤中水的来源划分的。

富养沼泽（低位沼泽）：沼泽发育的最初阶段。沼泽表面低洼，经常成为地表径流和地下水汇集的所在。水源补给主要是地下水，随

若尔盖沼泽

着水流带来大量矿物质，营养较为丰富。水和泥炭的 pH 值呈酸性至中性，有的受土壤底部基岩影响呈碱性。如中国四川若尔盖沼泽的泥炭呈碱性反应，就是因为该区基岩多为灰质页岩与灰岩夹层，pH 值多在 8 左右。富养沼泽中的植物主要是苔草、芦苇、嵩草、桤木、柳、桦、落叶松、落羽松、水松等。

贫养沼泽（高位沼泽）：往往是沼泽发育的最后阶段。随着沼泽的发展，泥炭藓增长，泥炭层增厚，沼泽中部隆起，高于周围，故称为高位沼泽或隆起沼泽。水源补给仅靠大气降水，水和泥炭呈强酸性，pH 值为 3 ~ 4.5。营养贫乏，故得名。沼泽植物主要是苔藓植物和小灌木杜香、越橘以及草本植物棉花莎草，尤其以泥炭藓为优势，形成高大藓丘，所以，贫养沼泽又称泥炭藓沼泽。

中养沼泽（中位沼泽）：属于上述两者之间的过渡类型，由雨水与地表水混合补给，营养状态中等。有富养沼泽植物，也有贫养沼泽植物。苔藓植物较多，但尚未形成藓丘，地表形态平坦，称为中位沼泽或过渡沼泽。

由于沼泽地的土壤有泥炭土与潜育土之分，沼泽可分为泥炭沼泽和潜育沼泽两大类。

另外，按植被生长情况，可以将沼泽分为草本沼泽、泥炭藓沼泽和木本沼泽。

拓展阅读

越 橘

越橘是杜鹃花科植物，原产北美，却广泛分布在北半球从北极到热带高山地区。越橘有 130 种以上，主要有兔眼越橘、狭叶越橘、澳洲越橘、蔓越橘等。果实近圆形，直径多为 0.5 ~ 2 厘米，蓝黑或深红色。越橘含有花色苷、果胶、熊果苷、维生素 C 等多种成分。越橘可以防止血管破裂，被誉为毛细血管的修理工，还能保护眼睛，防癌变，对慢性乙肝也有改善作用。

芦 苇

木本沼泽即中位沼泽：主要分布于温带，植被以木本中养分植物为主，有乔木沼泽和灌木沼泽之分。

草本沼泽：典型的低位沼泽，类型多，分布广，常年积水或土壤透湿，以苔草及禾本科植物占优势，几乎全为多年生植物。很多植物有根状茎，常交织成厚的草根层或浮毡层，如芦苇和一些苔草沼泽。优势植物有苔草，其次有芦苇、香蒲。

泥炭藓沼泽即高位沼泽：主要分布在北方针叶林带，由于多水、寒冷和贫营养的环境，泥炭藓成为优势植物，还有少数的草本、矮小灌木及乔木能生活在泥炭藓沼泽中，例如羊胡子草、越橘、落叶松等。

➡ 沼泽分布

◎ 世界沼泽分布

全世界沼泽（按泥炭层 30 厘米计）面积约 5 亿公顷，占陆地总面积的 3.35%。沼泽在世界上的分布，北半球多于南半球，而且沼泽多分布在北半球的亚欧大陆和北美洲的寒带和温带地区。南半球沼泽面积小，主要分布在热带和部分温带地区。

亚欧大陆沼泽分布有明显的规律性：因受气候的影响，在温凉湿润的北方针叶林地带沼泽类型多，面积大；第四纪冰川分布区，沼泽分布尤为广泛，而且以贫养沼泽为主，泥炭藓形成高大藓丘；北方针叶林带向北向南，沼泽类型减少，多为富养沼泽，泥炭层薄。

北方针叶林带以北的森林冻原和冻原，气候寒冷，为连续永久性冻土区。冻原的地表因被冻裂、变形而分割为多边形沼泽。冻原的南半部和森林冻原的北半部有平丘状沼泽。在森林冻原带的南半部有高丘状沼泽，丘的高度可达数米。冻原带的沼泽面积较大，但泥炭层薄不足 0.5 米，多为苔草沼泽。

北方针叶林带以南的森林草原和草原地带，气候较干，没有隆起的贫养泥炭藓沼泽，有富养苔草沼泽、芦苇沼泽和小面积桤木沼泽。

北美洲寒温带的针叶林带，也有贫养沼泽，自纽约以北至加拿大纽芬兰的南部向西呈楔形延伸到五大湖以西明尼苏打州。森林带以北的冻原带，有冻结的丘状沼泽和多边形沼泽。针叶林带以南只有富养沼泽。

川北草地

墨西哥湾和大西洋海滨平原以及密西西比河冲积平原上分布有富养的森林沼泽和高草沼泽。美国弗吉尼亚州东南部至佛罗里达有较多的滨海沼泽，其间北卡罗来纳州东北部到维尔日尼沿海平原上有著名的迪斯默尔沼泽，其中森林茂密，由落羽松组成，泥炭层薄或不明显。在太平洋沿岸，山脉阻挡了潮湿海风，沼泽呈狭带状分布在沿海。从温哥华到阿拉斯加南部有贫养沼泽。阿拉斯加以北，主要是莎草科的藨草和棉花莎草组成的沼泽。北美中部草原地带，气温干旱，沼泽分布极少。

热带地区，如印度尼西亚、文莱、马来西亚半岛、印度、圭亚那、刚果河和亚马孙河流域、菲律宾等地也有相当数量的沼泽分布。有的沼泽中泥炭层也较厚，如在文莱的森林沼泽。

南半球陆地面积小，除热带地区沼泽外，仅在火地岛和新西兰、智利以及安第斯山脉有沼泽。

◎ 我国沼泽分布

中国幅员辽阔，自然条件复杂，沼泽类型众多，分布广泛。中国东半部气候温暖湿润，沼泽面积较大，类型多；西半部气候干旱，青藏高原气候高寒，因此，沼泽类型少，只有富养沼泽。

东半部临海，以辽阔的大平原和低山丘陵地形为主，从寒温带到热带都有沼泽分布。但类型从北向南减少，面积变小。

在森林带的兴安岭和长白山地，集中分布有贫养泥炭藓沼泽和多种富养沼泽如落叶松苔草沼泽、灌丛桦苔草沼泽、苔草沼泽等。

　　在亚热带山地分布有小面积贫养泥炭藓沼泽。温带平原地区有各种富养苔草沼泽和芦苇沼泽，前者多见于松嫩平原，后者多见于华北平原。

　　在黑龙江省三江平原，沼泽最为集中，分布面积广大，主要是苔草沼泽和小面积芦苇沼泽。

　　在亚热带平原，只有富养沼泽，主要是芦苇沼泽和小面积苔草沼泽。

　　热带的低山丘陵、河谷中也有富养沼泽，但分布零星，面积很小。如云南省南部的卡开芦苇沼泽，泥炭层厚达 1 米多；雷州半岛有岗松、鳞子莎沼泽，但泥炭层薄，小于 1 米。

▶ 沼泽生态

　　沼泽里的植物茂盛，一般是挺水植物偏多，草的高矮由不同地理气候条件决定：纬度较低地区的沼泽草比较高，纬度较高地区的沼泽草较矮，甚至很大部分是苔藓。荷花、莲花也是沼泽湿地的常见植物，它们就属于挺水植物。一些喜湿和耐涝的树种会在沼泽里长得很大，一个明显特征是它们的根基往往很粗。另外沼泽中还生活着多种动物，形成了不同类型的生物群落。

◎ 沼泽植物生活型

　　沼泽植物生长在地表过湿和土壤厌氧的生长环境条件下，其基本生活型以地面芽植物和地上芽植物为主。密丛型的莎草科植物如苔草属、棉花莎草属、蒿草属等占优势，用地面芽分蘖的方式，适应于水多氧少的环境，并形成不同形状的草丘：点状、团块状、垄岗状、田埂状等。后三种草丘的形成，除与组成植物的生物学特征有关外，

在沼泽地中生长的灌木

还与冻土的融蚀有关。它们是形成泥炭的主要物质来源。此外，沼泽植物一般茎的通气组织发达，这也是对氧少的适应。

森林沼泽中有高位芽和地上芽的乔木和灌木。贫养沼泽中乔木发育不良，孤立散生，矮曲、枯梢，生长慢，形成小老树。如中国兴安岭的沼泽中，树龄150年的兴安岭落叶松树高才4.5米；北美的落叶松，树龄150年，树高仅30厘米。灌木有桦属、柳属。小灌木有杜香属、越橘属、地桂属、酸果蔓属、红莓苔子属等。它们在贫养沼泽中，往往形成优势层片，种类多。

知识小链接

蒿 草

蒿草，一种植物，可食用，常用于配料。有很多种类：细竹蒿草、萎蒿草等。按照我国传统，每逢端午节，家家户户的门楣上都要插上艾蒿，据说这样做能避邪驱瘟。

在中养和贫养沼泽中，地面芽苔藓植物种类多，常形成致密的地被层和藓丘。其中以泥炭藓最发达。泥炭藓丘高度不一，中国和日本的藓丘一般较矮，小于0.5米，欧洲和北美洲的稍高。

◎ 沼泽植物生态类型

猪笼草

根据沼泽水和泥炭的营养状况的不同，沼泽植物分富养植物和贫养植物。在以地下水补给为主的营养较丰富的条件下生长的植物，称为富养植物。如芦苇、苔草、桤木、落羽杉等；在以大气降水补给为主的营养贫乏的条件下生长的植物，称为贫养植物。贫养植物对恶劣环境具有特殊的适应性：有的植物顶端具有不断生长的能力，如泥炭藓和桧叶金发藓。有的植物具有生长不定根的能力，如圆叶茅膏菜，因此它们能从沼泽表面吸收养料和水分。有的沼泽植物具有旱生结构，如革质，有绒毛等，这样可以防止水分过分蒸腾，也是对强酸性基质的适应。沼泽中还有捕虫植物，利用叶片上的腺体，消化动物的蛋白质，以弥补营养不足。中国有多种茅膏菜和猪笼草，北美洲有瓶子草和捕蝇草，南美洲火地岛则有茅膏菜和捕虫菜。

◎ 沼泽动物

趣味点击　水獭

水獭是半水栖兽类，喜欢栖息在湖泊、河湾、沼泽等淡水区。水獭的洞穴较浅，常位于水岸石缝底下或水边灌木丛中。

不同类型的沼泽栖居着不同的动物。富养沼泽，尤其是湖滨附近的沼泽，动物种类丰富，有哺乳类、鸟类、两栖类、鱼类和无脊椎动物、昆虫等。哺乳类以水獭、水田鼠、水鼩为代表。鸟类最多，有多种鹬类、涉禽类的鹤和鹭、游禽类的鸭和雁、猛禽类的沼泽鹞等。两栖类有蟾蜍和青蛙。还有多种鱼类。在水中有双翅类的昆虫等。

草本沼泽中通常动物较多，如田鼠和麝鼠，土壤中有寡毛类、蜘蛛和线虫。线虫从植物的通气组织获得氧，甚至在无氧条件下也能生存。

木本沼泽的动物主要是鸟类和过境的哺乳类，如熊、麂、狼等。森林沼泽的土壤动物有寡毛类、双翅类的昆虫以及线虫等。

拓展阅读

蜘蛛

蜘蛛是节肢动物门蛛形纲蜘蛛目所有种的通称。除南极洲以外，全世界分布。体长1～90毫米。身体分头胸部（前体）和腹部（后体）两部分。头胸部覆以背甲和胸板。头胸部有附肢两对，第一对为螯肢，有螯牙、螯牙尖端有毒腺开口。第二对为须肢，雌蛛和未成熟的雄蛛呈步足状，用以夹持食物及做感觉器官；但雄性成蛛须肢末节膨大，变为传送精子的交接器。

泥炭藓沼泽无掩体，土壤呈强酸性，营养贫乏，故动物少，但可见到无脊椎动物的弹尾类、蜘蛛和蜱螨等。

◎ 沼泽生物群落

沼泽生物群落因不同部位所受光、热和湿度、空气、基质等的影响不同，呈分层现象，由地面上不同高度直至土层的不同深度具有不同的结构和组成。

森林沼泽化形成的沼泽，结构较复杂。富养森林沼泽的地上部分有喜光的乔木层、喜阴耐湿的灌木层、喜湿的草本层。草本层中草丘发达。地下部分由枯枝落叶层和泥炭层（有活根）组成。

沼泽里的鹤

贫养森林沼泽的植物种类少，结构较简单，地上部分由稀疏乔木形成疏林，林下为喜湿耐酸的小灌木层和泥炭藓层，泥炭藓掩埋部分或全部草丘，有时没有乔木。地下部分有泥炭层（含有少数活根）。

东北草甸

中养森林沼泽属于上述两类沼泽之间的过渡类型。植物种类丰富，贫养和富养植物都有，因而结构较为复杂。地上部分有乔木层、灌木层、小灌木层、草木层、藓类地被层，没有藓丘。地下有泥炭层（含有活根）。

湖泊形成的沼泽，初期时，植物依水的深度和光照条件，从湖岸向湖心呈水平带状分布，分苔草植物带、挺水植物带、浮水植物带和沉水植物带，前两带组成沼泽。发育至中养阶段时，湖面出现苔草和泥炭藓层。贫养沼泽阶段，湖盆堆满泥炭，湖面以泥炭藓层为主，地表隆起。

　　草甸沼泽化形成的草丛沼泽，随水文状况不同，而有草丘和丘间湿洼地之分。丘上潮湿，植物丰富，苔草为优势种（在高山和高原以蒿草为主）。其间夹有杂类草，丘间洼地积水，生长喜湿植物。地下部分有草根层和泥炭层（中有少数活根）。

　　欧洲尚有各种高（贫养）、低（富养）位镶嵌沼泽。泥炭丘岗可高达数米，生长泥炭藓、地衣和小灌木；湿洼地有莎草科等有花植物和苔藓。

广角镜

地衣

　　地衣是真菌和光合生物之间稳定而又互利的联合体，真菌是主要成员。另一种定义把地衣看作是一类特殊真菌，在菌丝的包围下，与以水为还原剂的低等光合生物共生，并不同程度地形成多种特殊的原始生物体。传统定义把地衣看作是真菌与藻类共生的特殊低等植物。

▶ 可再生的清洁能源——沼气

　　沼气，顾名思义就是沼泽里的气体。人们经常看到，在沼泽地、污水沟或粪池里有气泡冒出来，如果我们划着火柴，可把它点燃，这就是自然界天然产生的沼气。沼气，是各种有机物质在隔绝空气（还原条件），并在适宜的温度、湿度下，经过微生物的发酵作用产生的一种可燃烧气体。

　　沼气是多种气体的混合物，一般含甲烷 50% ~70% ，其余为二氧化碳和少量的氮、氢和硫化氢等。其特性与天然气相似。空气中如含有 8.6% ~20.8% （按体积计）的沼气时，就会形成爆炸性的混合气体。沼气除直接燃烧用于炊事、烘干农副产品、供暖、照明和气焊等外，还可作内燃机的燃料以及生产甲醇、福尔马林、四氯化碳等化工原料。经沼气装置发酵后排出的料液和沉渣，含有较丰富的营养物质，可用作肥料和饲料。

　　沼气含有少量硫化氢，所以略带臭味。发酵是复杂的生物化学变化，有许多微生物参与。反应大致分两个阶段：（1）微生物把复杂的有机物质中的糖类、脂肪、蛋白质降解成简单的物质，如低级脂肪酸、醇、醛、二氧化碳、氨、氢气和硫化氢等。（2）在甲烷菌种的作用下，一些简单的物质变成甲烷。要正常地产生沼气，必须为微生物创造良好的条件，使它能生存、繁殖。沼气池必须符合多种条件。首先，沼气池要密闭。有机物质发酵成沼气，是多种厌氧菌活动的结果，因此要造成一个厌氧菌活动的缺氧环境。在建造沼气池时要注意隔绝空气，不透气、不渗水。其次，沼气池里要维持20℃～40℃，因为通常在这种温度下产气率最高。第三，沼气池要有充足的养分。微生物要生存、繁殖，必须从发酵物质中吸取养分。在沼气池的发酵原料中，人畜粪便能提供氮元素，农作物的秸秆等纤维素能提供碳元素。第四，发酵原料要含适量水，一般要求沼气池的发酵原料中含水80%左右，过多或过少都对产气不利。第五，沼气池的pH值一般控制在7～8.5。

沼气是可再生的清洁能源，既可替代秸秆、薪柴等传统生物能源，又可替代煤炭等商品能源，而且能源效率明显高于秸秆、薪柴、煤炭等。

我国农业资源和环境的承载力十分有限，发展农业和农村经济，不能以消耗农业资源、牺牲农业环境为代价。农村沼气把能源建设、生态建设、环境建设、农民增收连接起来，促进了生产发展和生活文明。发展农村沼气，优化广大农村地区能源消费结构，是我国能源战略的重要组成部分，对增加优质能源供应、缓解国家能源压力具有重大的现实意义。

泉 水 趣 谈

　　"木欣欣以向荣，泉涓涓而始流。"泉水的水清极了，游鱼水藻，都可以看得清清楚楚。泉池中央偏西，有三个大泉眼，水从泉眼里往上涌，冒出水面半米来高，像煮沸了似的，不断地翻滚。三个水柱都有井口大，没昼没夜地冒、冒、冒，永远那么晶莹，那么活泼，好像永远不知疲倦。要是冬天来玩就更好了，池面腾起一片又白又轻的热气，在深绿色的水藻上飘荡着，会把你引进一种神秘的境界。

泉的种类

按照水的化学成分、水的温度和渗透压以及酸碱度，泉可以分为下面几种：

（1）冷泉：一般以水质清醇甘甜而供饮用或作为酿酒的水源。历史上曾经将镇江中冷泉、北京玉泉、济南趵突泉、江西庐山谷帘泉等命名为天下第一泉。此外镇江金山泉、杭州虎跑泉等，也在名泉之类。济南号称有七十二泉，故有泉城美誉。

（2）矿泉：有一定数量的化学成分、有机物或气体，或具有较高的水温，能影响人体生理作用的泉水。温泉水水温一般在34℃以上。我国历史上原有和新近开发的温泉和矿泉旅游疗养胜地很多。如北京小汤山温泉、辽宁鞍山汤岗子温泉、西安骊山温泉、云南安宁温泉、广东从化温泉、广西陆川温泉以及台湾北投温泉等。五大连池药泉以其独特的理疗效用成为我国著名的矿泉理疗康复旅游区。

知识小链接

温 泉

温泉是泉水的一种，是一种由地下自然涌出的泉水。其水温高于环境年平均温度5℃，可以洗澡、煮水饺、涮羊肉。形成温泉必须具备地底有热源存在、岩层中有裂隙让温泉涌出、地层中有储存热水的空间三个条件。

（3）观赏泉：有观赏价值的泉。如云南大理蝴蝶泉，每年都可以观赏到蝴蝶盛会，无数色彩斑斓的蝴蝶首尾相接，从蝴蝶树上直垂水面。此外，杭州和济南的珍珠泉、广西桂平的乳泉、四川广元的含羞泉以及西藏的爆炸泉等都是著名的观赏泉。

🔸 天下第一泉——趵突泉

拓展阅读

趵突泉

趵突泉位于济南市中心区，南靠千佛山，东临泉城广场，北望大明湖，是以泉为主的特色园林。该泉位居济南七十二名泉之首，被誉为"天下第一泉"，也是最早见于古代文献的济南名泉。趵突泉是泉城济南的象征与标志，与千佛山、大明湖并称为济南三大名胜。

趵突泉位于山东省济南市区，有"天下第一泉"之称。在略呈方形的泉池中，三眼清泉自地下涌出，涌水量达 1.6 立方米/秒，水温常年在 18℃ 左右。趵突泉与其附近的金线泉、

趵突泉

漱玉泉、柳絮泉、皇华泉等共同组成了趵突泉群。

🔸 江苏镇江中泠泉

中泠泉位于江苏省镇江金山以西的石弹山下，又名中濡泉、南泠泉。它是大江深处的一股清冽泉水，涌水沸腾，景色壮观。若要取中泠泉水，实为困难，需驾轻舟渡江而上。清代同治年间，随着长江主干道北移，金山才与长江南岸相连，终使中泠泉成为镇江长江南岸的一个景观。在池旁的石栏上，书有"天下第一泉"五个大字，它是清代镇江知府、书法家王仁堪所题。池旁的鉴亭，是历代名家煮泉品茗之处，至今风光依旧。

➡️ 浙江杭州虎跑泉

虎跑泉

虎跑泉位于浙江省杭州市西湖之南，大慈山定慧禅寺内，距杭州市区约 5 千米。相传唐代有个叫寰中的高僧住在这里。后因水源缺乏准备迁出。一夜，高僧梦见一神仙告诉他：南岳童子泉，当遣二虎移来。第二天，果真有二虎"跑地作穴"，涌出泉水，故名"虎跑"。虎跑泉水从石英沙岩中渗过流出，清澈见底，甘冽醇厚，纯净无菌，饮后对人体有保健作用，被誉为"天下第三泉"。杭州有句俗话："龙井茶叶虎跑水"。龙井茶和虎跑水素称"西湖双绝"。在虎跑泉观泉、听泉、品泉，其乐无穷。虎跑泉附近还有滴翠轩、叠翠轩、罗汉堂、济公殿、济公塔、虎跑梦泉塑像、弘一法师（李叔同）之塔等众多景点。

➡️ 中国台湾知本温泉

温泉、瀑布、森林，共同组合成台东知本温泉风景区。这里有全台湾蕴藏最丰富、质地最优的温泉，是世界级温泉胜地。知本温泉源自于知本溪岸。远在 1917 年时，当地的居民在知本溪河床掘地准备耕

知本温泉

种时，发现有蒸气热力由地底冒出，前往沐浴浸泡时，发现其对皮肤病及各种创伤颇有疗效，因而称之为"神水"。此后，当地居民常结伴掘泉露天洗浴，甚至在溪岸搭盖茅屋使用。1981年以后，陆续有民间投资，增建新颖的观光大饭店，都以"温泉"为号召，成为台湾著名的风景。

杭州龙井泉

　　龙井泉在杭州西湖西南。这里山色清秀，泉水淙淙，林木茂密，环境幽静，是西湖外围一处闻名遐迩的风景游览地。

　　龙井泉一带大片出露的石灰岩层都是向着龙井泉倾斜的，这样的地质条件，给地下水顺层面裂隙源源不断地向龙井泉汇集创造了有利的条件。在地貌上，龙井泉恰好处于龙泓涧和九溪的分水岭垭口下方，又是地表水汇集的地方。龙井泉西面是高耸的棋盘山，集水面积比较大，而且地表植物繁茂，有利于拦蓄大气降水向地下渗透。这些下渗

杭州龙井泉

的地表水进入纵横交错的石灰岩岩溶裂隙中，最终便沿着层面裂隙流入龙井泉，涌出地表。由于龙井泉水的补给来源相当丰富，就形成了永不枯竭的清泉。

　　此处由于龙井泉水来源丰富，而且有一定的压力，具有一定流速流入龙井泉，井池边形成一个负压区。原井池中的水在满溢出前，先要向负压区汇聚，由于表面张力的作用，负压区上方的水面线就微微高起，与负压区之间形成一个分界，这就是奇特的龙井"分水线"，似把泉水"分"成两半。雨后由于泉水补给量大，这种现象更加明显。

捷克卡罗维瓦里温泉

卡罗维瓦里温泉

中世纪以来，欧洲的有钱人就热衷于接受矿泉治疗，捷克当然也不例外。捷克最著名的温泉胜地就非卡罗维瓦里莫属了。它号称是全捷克最大的温泉乡。卡罗维瓦里是 14 世纪时罗马皇帝查理四世在打猎时发现的。17 世纪时，已有很多人来此接受温泉治疗，卡罗维瓦里温泉成为当时首屈一指的温泉疗养中心。

有马温泉

有马温泉是日本关西地区最古老的温泉，是在 8 世纪由佛教僧人建造的疗养设施，位于兵库县神户市北区有马町，素有"神户之腹地"之称，是日本三大名泉（下吕温泉、草津温泉）之一。有马温泉的水质富含矿物质，泉水中含有约为海水 2 倍浓度的铁盐泉，有泉色似铁锈红的"金泉"和无色透明的"银泉"。

有马温泉

"金泉"含铁盐泉，水温 90℃以上、对风湿病、神经痛、妇科病、肠胃病具有一定疗效；"银泉"的水温 50℃左右，含碳酸泉和放射能泉，"银泉"对慢性消化系统疾病、慢性便秘、痛风具有一定疗效。有马温泉的泉质略有咸味，传言古代的武士如果受伤后，在此地浸泡，也会使伤口较易复原。

🔈 釜谷温泉

　　韩国最有名的温泉——釜谷温泉，位于德严山麓，温度高达78℃，可以将生鸡蛋烫至半熟。釜谷温泉是典型的硫黄温泉，除了硫黄外，温泉中还含有硅、氯、钾、铁等20多种矿物质，对呼吸系统疾病、神经痛、风湿、冻伤、淤青、痱子等具有疗效。1977年被指定为国民观光地，1997年1月又以观光特区的身份，成为韩国的最佳温泉。由于这里的地形像一口锅子，所以被称为"釜谷"。

🔈 大棱镜泉

　　被誉为"地球最美丽的表面"的大棱镜泉，是美国第一大、世界第三大温泉，位于黄石国家公园内，是黄石公园中最大的温泉。该温泉最突出的特点就是它的颜色变化：由绿色到鲜红再到橙色。温泉水中富含矿物质，使得水藻和菌落中带颜色的细菌在水边得以生存，从而呈现了这些色彩。温泉中心地带由于高温没有生物生存。从里向外呈现出蓝、绿、黄、橙、橘色和红色等不同颜色。据说这是因为地下水从地层裂缝冒出来后，各种矿物质经氧化反应，以及水中栖息在不同温度的不同光合的细菌生息，使泉水产生出宝石般色彩斑斓的丰富变化。

大棱镜泉

从栈道上看过去，蓝莹莹的泉水深不见底，弥漫池面的水雾随风涌动，泉水不断地从池子里溢出来，缓缓地漫过池畔，流向低地。泉水里丰富的矿物质把池子周围砌出一波一波交错纵横的纹理，渲染出一片一片浓艳欲滴的色彩，倒映着蓝天白云，就像是一块巨大的经过打磨的大理石。

猛犸温泉

猛犸温泉

美国黄石国家公园还有另外一个温泉，叫猛犸温泉。它是世界上已知的最大的碳酸盐沉积温泉。猛犸温泉内有一个名为米涅瓦梯台的温泉，该温泉的热水流出后被冷水冷却，水中的碳酸盐沉淀了下来，历经数千年形成了层层叠叠的梯台。每天有两吨含碳酸盐的泉水流入猛犸温泉内。

格伦伍德温泉

格伦伍德温泉位于美国科罗拉多州，那里有世界上最大的天然温泉游泳池。泉水流速为 0.14 立方米/秒。你可以在这个大游泳池中畅游或者只是浸泡在富含矿物质的水中。无论作何选择，这都会是一种难忘的经历。

水资源与自然灾害

　　河流与人类的关系极为密切，因为河流暴露在地表，河水取用方便，是人类可依赖的最主要的淡水资源，也是可更新的能源。虽然水资源很丰富，但可利用的淡水资源是极其有限的。水资源的匮乏已经威胁到整个人类，水危机已成为刻不容缓的全球性问题，给我们再一次敲响了生命的警钟！

盘点储量

　　世界上水的总储量约 14 亿立方千米，平铺在地球表面上约 3000 米高。地球表面 70% 被水覆盖，因此有人把地球说成是蓝色星球，又叫水球。地球上 97% 的水都分布在大洋和浅海中，这些咸水是人类无法直接利用的（要利用就要海水淡化，成本高）。陆地上两极冰盖和高山冰川中的储水占总水量的 2.7%，目前也无法直接利用。余下的 0.3% 才是人类可直接利用的。从数字上可看出，水是丰富的，但可利用的淡水资源是极其有限的。若把一桶水比作地球上的水，可用的淡水只有几滴。

　　我国水资源总储量约 2.81 万亿立方米，居世界第六位，但人均水资源量不足 2400 立方米，仅为世界人均占水量的 1/4，相当于美国的 1/5，俄罗斯的 1/7，加拿大的 1/48，世界排名 110 位，被列为全球 13 个人均水资源贫乏国家之一。全世界有 60 多个国家和地区严重缺水，1/3 的人口得不到安全用水。

　　据统计，全世界人口约 1/5，即 17.5 亿人目前得不到安全的饮用水，另有很多人缺乏良好的卫生设施。每年有 700 万人因此丧生，其中每 10 秒钟就有 1 名儿童死亡。

知识小链接

水的硬度

　　水的硬度是指溶解在水中的盐类物质的含量，也就是钙盐与镁盐的含量。水的硬度单位是 ppm，1ppm 代表水中碳酸钙含量 1 毫克/升（mg/L）。低于 142ppm 的水称为软水，高于 285ppm 的水称为硬水，介于 142～285ppm 的称为中度硬水。雨、雪水是软水，江水、河水、湖水属于中度硬水；泉水、深井水、海水都是硬水。

　　在 21 世纪，世界上一半的湿地永远消失，而地下水资源因受到污染或者被过度开采而枯竭殆尽。水资源危机正威胁着世界上的每一个国家和地区。比如，英国已经成为欧洲水资源危机最严重的国家之一。

▶️ 引起的灾害

　　水资源的问题已经威胁到了整个世界。在 2007 年发生的 10 件大的自然灾害中就有 3 件是和水有关的，其中以南亚洪水和美国东南部大旱较为严重。

◎ 南亚洪水

　　常年遭受季风雨影响、人口达到数十亿的南亚，总是在缺水和水量过多之间艰难前行。夏季南亚经常遭到洪水袭击。某年 7 月和 8 月间，印度南部、尼泊尔、不丹和孟加拉国出现的一系列反常季风雨引起洪水泛滥，联合国儿童基金会称："这是现有记忆中最糟糕的一次洪水。"到 8 月中旬，这一地区已经转移了大约 3 000 万人，可能有 2 000 多人被洪水夺走生命。据估计，这次洪水造成至少 1.2 亿美元的经济损失。

◎ 美国东南部大旱

　　2007 年，席卷美国东南大部分地区的长期干旱引起了美国人的重视。佐治亚州和几个邻近的州通常是满眼翠绿，但是那时这些地区却遭受了有史以来最严重的干旱。在美国都市化增长最快的亚特兰大的一个地区，目前剩下的水仅够用 3 个月。随着干旱进一步恶化，水供应下降导致佛罗里达、佐治亚州和阿拉巴马州之间发生严重的法律纠纷。人们从 2007 年的干旱中得到的最大认识是：水可能比能源或石油更加重要。

　　除此之外，水危机还表现在水土流失和荒漠化上。据统计，我国水土流失和荒漠化现象已相当严重。目前，全国水土流失面积约 300 多平方千米，占国土总面积的 38.2%。全国荒漠化面积约 200 多万平方千米，占国土总面积的 27.3%，而且荒漠化土地面积仍以每年 2 460 平方千米的速度在扩展。

▶️ 解决措施

鉴于水资源匮乏的情况，人们试图通过以下方式来解决：

（1）建造水库：建造水库调节流量，可以将丰水期多余水量储存在库内，补充枯水期的流量不足及污水处理厂的供水不足。不仅可以提高水源供水能力，还可以为防洪、发电、发展水产等多种用途服务。目前，各国在江河上建造的污水处理厂库容积超过1亿立方米的水库有很多个。

然而，在很多工业污水处理网密布的国家，随着建库地址的选择日益困难，增加新蓄水设施的成本迅速提高，水库发展的速度明显放慢了。发展中国家的污水处理厂和水库建造仍处于全盛时期。在建库时，还必须研究对流域和水库周围生态系统的影响，否则会引起不良后果。

（2）跨流域调水：跨流域调水是一项耗资昂贵的供水工程，是从丰水流域向缺水流域调水。由于其耗资大、对环境破坏严重，许多国家已不再进行大规模的流域间调水。我国相继完成的引黄济青、引滦入津和引滦入唐等工程都是从丰水流域向缺水流域供水的大工程。我国的南水北调工程也已开始动工。

（3）地下蓄水：目前，已有20多个国家在积极筹划人工补充地下水的计划。在美国，加利福尼亚的地方水利机构每年将25亿立方米左右的水贮存于地下。

（4）海水淡化：海水淡化可解决海滨城市的淡水紧缺问题。沙特阿拉伯、伊朗等国家海水淡化总量占世界的60%。在沙特阿拉伯还建造了世界上最大的淡化海水管道引水工程。

（5）拖移冰山：此工程在近期内还不可能实现，仍处于计划阶段。

（6）恢复河、湖水质：采用综合防治水污染的方法恢复河、湖水质。即采用系统分析的方法，研究水体自净、污水处理规模、污水处理效率与水质目标及其费用之间的相互关系，应用水质模拟预测及评价技术进行污水处理，寻求优化治理方案，制订水污染控制规划。采用这种方法治理的河流，如英国的泰晤士河、加拿

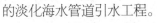

水体自净

污水排入水体后，一方面对水体产生污染，另一方面水体本身也有一定的净化污水的能力，即经过水体的物理、化学与生物的作用，使污水中污染物的浓度得以降低，经过一段时间后，水体往往能恢复到受污染前的状态，并在微生物的作用下进行分解，从而使水体由不洁恢复为清洁，这一过程称为水体的自净过程。

大的圣约翰河等水质都得到恢复，淡水供应都得到增加。

（7）合理利用地下水：地下水是重要的水资源之一，其储量仅次于极地冰川，比河水、湖水和大气水分的总和还多。但开发地下水的同时应采取以下保护措施：

①加强地下水源勘察和污水处理厂招标工作，掌握水文地质资料，全面规划，合理布局，统一考虑地表水和地下水的综合利用，避免过量开采和滥用水；②采取人工补给的方法，但必须注意防止地下水的污染；③建立监测污水系统，随时了解地下水的动态和水质变化情况，以便及时采取防治措施。

节约用水从你我做起，我们青少年应该做到：

（1）要有节水意识，长期以来，人们普遍认为水"取之不尽，用之不竭"，不知道爱惜，有的甚至将水白白浪费。应当知道我国水资源人均量并不丰富，地区分布也不均匀，而且年际差别很大，年内也变化莫测，再加上污染，使水资源紧缺，水更加来之不易。爱惜水是节水的基础，只有意识到"节约水光荣，浪费水可耻"，才能时时处处注意节水。

（2）养成好习惯。据分析，家庭只要注意改掉不良的习惯，就能节水 70% 左右。与浪费水有关的习惯很多，比如：用抽水马桶冲掉烟头和碎细废物；为了接一杯热水，而白白放掉许多冷水；先洗土豆、胡萝卜后削皮，或冲洗之后再择蔬菜；用水时的间断（开门接客人，接电话，改变电视机频道时），未关水龙头；停水期间，忘记关水龙头；洗手、洗脸、刷牙时，让水一直流着；睡觉之前、出门之前，不检查水龙头；设备漏水，不及时修好。

（3）使用节水器具。家庭节水除了注意养成良好的用水习惯以外，采用节水器具很重要，也最有效。为了省钱，很多人宁可放任自流，也不肯更换节水器具。其实，交这么多水费长期下来是更不合算的。使用节水器具，既省钱，又能保护环境，岂不是一举两得？节水器具种类繁多，有节水型水箱、节水龙头、节水马桶等。

（4）查漏塞流。在家中"滴水成河"并非开玩笑。要经常检查家中自来水管路。防微杜渐，不要忽视水龙头和水管节头的漏水。发现漏水，要及时请人或自己动手修理，堵塞流水。一时修不了的漏水，干脆用总开关暂时控制水流也好。